我国农村生活污水治理
理论基础与实践路径

王　波　郭一楷　王夏晖　车璐璐　纳　云　等　著

气象出版社

China Meteorological Press

内容简介

农村生活污水治理是农村人居环境整治提升的重要内容,也是建设美丽乡村的重要举措。本书基于生态学理论分析视角,通过开展农村生活污水治理理论研究,科学界定了农村生活污水治理的概念和特征,阐释了农村生活污水治理的生态内涵,揭示了农村生活污水治理影响因素的内在耦合机理。在此基础上,本书对我国农村生活污水治理现状进行了全面分析,开展了农村生活污水治理政策演进研究,梳理并详细介绍了各地农村生活污水治理的典型案例和经验做法。同时,针对我国农村生活污水治理存在的短板弱项,从治理理念、治理主体、治理制度、治理机制四个维度,探析现代农村生活污水治理体系及其实践路径,并从治理理念、顶层设计、调查设计、科技创新、社会参与、监管方式等方面,提出农村生活污水治理的重大对策与建议,以期为我国全面推进农村生活污水治理提供有力支撑。

本书可供从事农村环境保护工作的科研人员和工程技术人员、管理人员等参考,也可供高等学校环境类相关学科的师生参阅。

图书在版编目(CIP)数据

我国农村生活污水治理理论基础与实践路径 / 王波
等著. -- 北京 : 气象出版社, 2022.11
  ISBN 978-7-5029-7869-3

  Ⅰ. ①我… Ⅱ. ①王… Ⅲ. ①农村-生活污水-污水
处理-研究-中国 Ⅳ. ①X703

中国版本图书馆CIP数据核字(2022)第224955号

我国农村生活污水治理理论基础与实践路径
WOGUO NONGCUN SHENGHUO WUSHUI ZHILI LILUN JICHU YU SHIJIAN LUJING

出版发行:气象出版社
地　　址:北京市海淀区中关村南大街46号　　邮政编码:100081
电　　话:010-68407112(总编室)　010-68408042(发行部)
网　　址:http://www.qxcbs.com　　　　E-mail:qxcbs@cma.gov.cn
责任编辑:蔺学东　　　　　　　　　　　终　　审:吴晓鹏
责任校对:张硕杰　　　　　　　　　　　责任技编:赵相宁
封面设计:艺点设计
印　　刷:北京建宏印刷有限公司
开　　本:710 mm×1000 mm　1/16　　印　　张:7.5
字　　数:170千字
版　　次:2022年11月第1版　　　　　　印　　次:2022年11月第1次印刷
定　　价:68.00元

《我国农村生活污水治理理论基础与实践路径》
主要编写人员

王 波	郭一楷	王夏晖	车璐璐
纳 云	戴 超	郑利杰	葛劲松
马 巍	刘 陆	李广英	李 娜

前　言

　　农村生活污水治理与改善农民群众生活环境密切相关，是农村人居环境整治提升的重要内容，是建设美丽乡村的重要举措。近年来，国家高度重视农村生活污水治理工作，党中央、国务院印发的《农村人居环境整治提升五年行动方案(2021—2025年)》提出，分区分类推进农村生活污水治理，重点整治水源保护区和城乡结合部、乡镇政府驻地、中心村、旅游风景区等人口居住集中区域农村生活污水。生态环境部等印发的《农业农村污染治理攻坚战行动方案(2021—2025年)》强调，以解决农村生活污水等突出问题为重点，提高农村环境整治成效和覆盖水平。截至2022年9月底，全国农村生活污水治理率达31%左右，农村生活污水治理的政策规划、技术标准、建设运营、监督考核等制度体系初步建立，推动农村生活污水治理取得了一定成效。但是，由于我国农村环境保护历史欠账较多，农村生活污水治理的基础薄弱，在推进农村生活污水治理过程中，仍存在区域进展不平衡、城乡服务不均衡、技术支撑不到位、农民参与不充分、长效机制不健全等问题。为此，迫切需要开展农村生活污水治理理论研究，梳理相关政策和典型案例，深入分析农村生活污水治理主要问题和产生原因，有针对性地提出农村生活污水治理的实现路径和重大对策建议，为当前农村生活污水治理提供借鉴。

本书共 6 章,各章完成情况如下:第 1 章农村生活污水治理理论基础,主要由王波、车璐璐、戴超完成;第 2 章我国农村生活污水治理状况评估,主要由戴超、车璐璐、郑利杰完成;第 3 章我国农村生活污水治理政策演进,主要由车璐璐、戴超、郑利杰完成;第 4 章典型农村生活污水治理案例与启示,主要由郭一楷、葛劲松、郑利杰、戴超、纳云等完成;第 5 章农村生活污水治理体系与实践路径,主要由郑利杰、车璐璐、戴超、李娜等完成;第 6 章我国农村生活污水治理重大对策建议,主要由纳云、郭一楷、车璐璐、马巍等完成。王波、郭一楷、王夏晖负责全书内容的整体设计,车璐璐负责对全书进行统稿。

　　农村生活污水治理理论和实践研究仍处于不断探索和完善的过程中,本书难免存在不足之处,敬请各位读者不吝指正。

作　者

2022 年 10 月

目　　录

第1章 农村生活污水治理理论基础

农村生活污水治理是一项复杂的系统工程,其生态化处理和资源化利用是农村生态系统内物质循环和能量流动的重要环节,也是我国农村生活污水治理的主导方向。基于生态学理论分析视角,科学界定农村生活污水治理的概念和特征,阐释农村生活污水治理的生态内涵,揭示农村生活污水治理影响因素的内在耦合机理,总结国内外农村生活污水处理技术最新进展,将推动农村生活污水治理理论取得新发展,为全国农村生活污水治理实践提供理论支撑。

1.1 农村生活污水概念和特征

农村生活污水是指农村居民生活产生的污水,主要包括厕所污水和生活杂排水等。从学界看,不同学者对农村生活污水的界定略有不同(谢林花 等,2018;李发站 等,2020;于法稳 等,2019),争论的关键点在于是否将畜禽养殖污水纳入农村生活污水之中,究其原因,主要是不同地区农村居民生活生产方式在空间上具有明显的异质性特征。综上,农村生活污水是指农村居民生活产生的污水,主要包括冲厕、洗涤、洗浴、厨房排水等;家庭圈养畜禽等产生的污水经预处理后,也可纳入农村生活污水处理设施或管网进行一并处理。

与城镇生活污水相比,农村生活污水具有排放范围广、水量水质变化较大、成分稳定简单、可生化性强、地区差异较大等特征。多数村庄空间离散、居住分散,导致污水不易集中收集和处理(柴喜林,2019)。污水水量水质往往受常住人口、经济发展、生活方式、生活习惯以及季节差异等影响较大(谢林花 等,2018)。一般来说,污水排放昼夜变化幅度大、排水不连续,时变化系数一般在 3.0~5.0,在春节等节假日情景下时变化系数可达 10.0 以上(Xu et al.,2020;Wang et al.,2020);污水水量水质呈现明显季节变化规律,夏季污水排放量较高、污染物浓度较低,冬季污水排放量较低、污染物浓度较高。农村生活污水主要污染物为 COD、氮磷、悬浮物及病菌等,成分简单,不含重金属等有毒有害物质,可生化性较强(柴喜林,2019);同时,因水资源丰缺程度、社会经济水平和生活方式等不同,生活污水排放差异较大,如西北某些干旱缺水区人均排放量不足 5 L/d,东南沿海区人均排放量达 70~100 L/d(鞠昌华 等,2016)。

1.2　农村生活污水治理的生态内涵

乡村是一个巨型复杂的人工生态系统,有别于城镇生态系统中大量灰色基础设施,具有其自身特定的生态系统结构和功能,由村庄建成区及其周边的农田、林地、河湖等要素共同构成。农村生活污水问题实质上是污水中的氮、磷等营养物质未能得到有效消解和利用,是生态系统内部物流、能流和再生循环路线受阻或流通不畅的综合表征(王波,2021)。因此,农村生活污水治理要留下乡土味道,不能片面照搬城镇那一套,要从乡村生态系统整体性出发,系统认知生态系统内部要素间的关联性、生态过程间的耦合性以及物质循环的规律性。

利用生态学基本原理和方法阐释农村生活污水治理内涵与特征,是从源头上系统解决农村生活污水治理问题、推动乡村生态振兴的关键所在。从农村生态系统角度来看,农村生活污水治理应遵循"整体、协调、循环、自生"的生态工程学原理(戈峰 等,2015),把握好以下四个方面。一是注重系统思维,整体推进。生态学的完整性取决于系统内部生态学过程的完整性,只有过程完整的生态系统才能发挥出正常的生态功能。农村生产生活与农田、林地、河流、湿地等生态要素相互影响,构成了农村生态系统的有机整体。因此,要改变以往点源治理固有思维模式,从提升农村生态系统服务整体视角出发,将污水治理融入乡村产业发展、乡风文明培育、村民共同富裕之中,打造农民安居乐业的美丽家园。二是注重统筹谋划,协调推进。生态系统内部单元间是相互关联的,其中任何一个单元的变化必然会以不同方式和程度影响其他单元,甚至是整个生态系统。农村生活污水治理过程复杂、涉及面广,需要统筹污水治理与厕所革命、管网铺设与交通建设、污水排放与农业灌溉、粪污处理与农田施肥等需求,准确把握村庄发展演替规律,合理安排工程建设时序。三是注重自我调节,循环推进。生态系统是一个具有自我调节、自生演替的系统,对环境变化具有一定的适应能力,在一定临界条件内系统不会发生质变,当环境作用超过系统适应界限时,系统生态平衡将被打破,产生演替质变。因此,应遵循生态系统内在自然规律,充分发挥其自我调节、自我消纳污染物的功能,畅通生态系统内部物质循环等过程。四是注重适应管理,长期推进。由于退化生态系统的修复具有长期性、动态性和不确定性,生态系统的恢复需要加强适应性管理,根据退化生态系统不同阶段的演替特征,有针对性地调整恢复措施。因此,应借鉴生态系统恢复适应性管理的做法,加强农村生活污水治理项目全过程监督管理,建立农村生活污水处理设施运行维护长效机制。

1.3　农村生活污水治理的影响因素

　　农村生活污水治理同时受到自然条件和经济社会条件双方面的耦合影响,自然条件主要包括温度、地形地貌、海拔高度等,经济社会条件主要包括人口、经济发展水平、村民生态环保意识等。从自然条件来看,温度条件主要通过影响微生物活性等来影响污水处理效果(蒋岚岚 等,2014);地形条件的影响主要体现在治理模式的选择上,对于地形条件复杂、污水不易集中收集的村庄,一般采取分散处理模式对污水进行处理,对于具有一定地形坡度,且农户分布较为集中的村庄,可采取集中式处理模式;海拔高度主要通过温度和氧含量的变化进而影响污水处理效果(陈相宇 等,2018)。从经济社会条件来看,人口因素和经济发展因素往往同时影响着污水处理技术和模式的选择,对于人口聚集度高、经济发达的地区,宜采取集中式处理技术和模式;对于人口聚集度低、经济欠发达的地区,宜采取分散式处理技术和模式(王金霞等,2011)。同时,村民环保意识也深刻影响着农村生活污水治理工作,农户环保意识越强,参与生活污水治理的积极性越高(苏淑仪 等,2020)。

在实际工作中,农村生活污水治理的影响因素间往往是相互关联、彼此影响的,是自然和经济社会因素间相互耦合的综合表征。有学者对长三角地区 267 个农村生活污水处理系统进行研究表明,处理效果不仅受化粪池性能、雨污分流等影响,还受管理水平等影响(Sheng et al.,2020)。基于此,农村生活污水处理技术的选择应坚持因地制宜、实事求是、循序渐进的原则,立足农村实际情况,综合考虑海拔高度、地形条件、人口聚集程度、地方经济水平等因素,采用适宜的污水收集模式和处理工艺,同时,需要统筹好处理效率和处理成本、方法的先进性和运维的复杂性、"污染物"的转化消减和能源资源化利用等方面的关系,顺应绿色低碳的理念,向低耗节能、简单易行、生态绿色、治用结合的方向发展。

1.4 农村生活污水处理技术进展

1.4.1 国外技术进展

国外农村生活污水处理研究最早可追溯到 19 世纪中期,相关技术比较成熟,例如,美国加州大学 Oswald 教授提出的高效藻类塘技术,适用于土地资源丰富但技术水平相对落后的农村地区。韩国应用的自然与生态污水处理系统,对 TN、TP 和 COD 等污染物去除均有良好效果。澳大利亚的 FILTER 污水处理系统,利用污水进行灌溉,在满足作物水分、养分需求的同时降低污水中的氮磷含量。日本的净化槽技术具有占地面积小、处理效率高、抗灾性能强等优点,取得了良好的应用效果。国外成熟的农村生活污水处理技术对我国起到了很好的借鉴作用。下面对目前国外发达国家主要采用的农村污水处理工艺进行简单介绍。

(1)高效藻类塘

美国加州大学 Oswald(1988)针对传统稳定塘系统溶解氧含量不高的问题提出高效藻类塘污水处理系统。其工艺原理为通过藻菌共生系统协同降解吸收污染物,废水中的好氧细菌将有机物分解为无机物,同时产生大量二氧化碳,藻类吸收二氧化碳、氮磷等,通过光合作用产生大量氧气,提供给细菌用于降解有机物,藻菌之间相辅相成、相互依赖,达到净化水质的目的(丁怡 等,2017)。高效藻类塘内存在的菌藻共生系统有着比一般稳定塘更加丰富的生物相,它通过连续搅拌装置促进污水的完全混合、调节塘内 O_2 和 CO_2 的浓度并均衡塘内水温、水质,对有机物、氮和磷均有较好的去除效果(黄翔峰 等,2006)。高效藻类塘具有投资少、运行费用低等优点,对于土地资源相对丰富而技术水平相对落后的农村地区具有很好的推广价值。

(2)土壤毛孔渗滤系统

20 世纪 60 年代日本开发的土壤毛孔渗滤系统是利用土壤的毛细管浸润扩散原理,通过微生物、植物的吸附降解作用,将土壤中的污水进行无害化处理。在此基础上,澳大利亚科学和工业研究组织(CSIRO)专家提出了非尔脱(FILTER)污水处理技术,即将过滤、土地处理与暗管排水相结合的污水再利用系统,以土地处理为基础,污水经农作物和土地处理后,再通过地下暗管将污水汇集排出。该技术在满足农作物对水分和养分需求的同时,又降低了污水中污染物的浓度。该技术具有成本低、处理效果好、适用范围较广等优点。

（3）蚯蚓生态滤池

蚯蚓生态滤池最先在法国、智利等国家应用，该技术原理主要是利用蚯蚓的活动实现滤池通气供氧和解决滤池堵塞问题（郝桂玉 等，2004）。蚯蚓的活动提高了土地处理系统的供氧速度，有利于好氧微生物对污水的快速净化（罗固源，1997）。蚯蚓的取食可以有效削减生物滤池运行过程中剩余污泥。蚯蚓生态滤池处理系统将初沉池、曝气池、二沉池、污泥回流设备以及曝气设备等集中于一体，大幅度简化了污水处理流程。该技术具有装置简单、能耗低、易管理、运行稳定等优点，但由于冬天蚯蚓活动能力减弱，因此，该技术在冬季运行时存在一定的问题。

（4）净化槽技术

净化槽技术是起源于日本的一体化装备型就地污水处理技术，在日本有超过 40 年的应用历史，目前日本有超过 80% 的分散污水处理设施采用户用净化槽技术，该技术在保护日本乡村水环境方面发挥了重要作用（范彬 等，2015）。该技术采用的主要工艺包括厌氧过滤、活性污泥、接触氧化、膜处理等。户用净化槽采用地埋式安装，进水和出水通常均为重力自流方式（范彬 等，2015）。该技术具有体积小、成本低、安装方便、出水稳定、运维简单、防震抗灾能力较强等优点。

（5）湿地污水处理系统

针对农村居民居住分散的特点，韩国研究开发了一种湿地污水处理系统。该系统本质是一种土地-植物系统，通过各种植物、微生物、土壤等的共同作用，逐级过滤和吸收污水中的污染物，从而达到净化污水的目的。该系统具有耗能低、运维成本低等优点，已广泛用于欧洲、北美、澳大利亚和新西兰等地，但由于占地面积较大，对于人口密集、土地紧缺的地区其应用具有一定的局限性。

1.4.2　国内技术进展

自 20 世纪 80 年代以来,我国在农村生活污水处理技术和装备研发方面做了大量工作,污水处理技术在我国农村得到了应用和发展。根据全国各地农村生活污水处理技术应用推广情况,于此,重点介绍化粪池、沼气池等预处理技术、AO、A^2/O、SBR 等生物处理技术以及稳定塘、人工湿地、土壤渗滤等生态处理技术。

(1)预处理技术

① 化粪池

化粪池是生活污水预处理设施,其原理包括厌氧发酵和静置分离。在重力作用下,生活污水中的大颗粒物质沉降(形成沉渣)或上浮(形成浮渣),同时通过厌氧发酵作用将有机物进行部分降解,进而实现污水的初步处理,满足简易排水要求,或者有利于后续排水及污水处理(范彬 等,2017)。随着我国不断推进农村生活污水治理、农村厕所革命等行动,三格式化粪池使用较为普遍。化粪池具有结构简单、成本低廉、管理方便、无能耗等优点,同时也有沉积污泥多、需定期清理、处理后污水不能直接排放等缺点。

② 沼气池

沼气池是一种将污水处理与其合理利用有机结合的预处理设施。污水中的大部分有机物经厌氧发酵后产生沼气,发酵后的污水被去除了大部分有机物,达到净化目的;产生的沼气可作为浴室和家庭用炊能源;厌氧发酵处理后的污水可用作浇灌用水和观赏用水(梁祝 等,2007)。沼气池适用于单户或联户的分散处理,如果有畜禽养殖、蔬菜种植和果林种植等产业,可形成适合不同产业结构的沼气利用模式。沼气池结构简单、易施工、运行稳定,能够实现对污水的二次利用。但现有沼气池由于后续服务缺失、经济效益不明显等原因存在大量闲置现象,已建沼气池中正常使用的比例只有 40%～62.03%(仇焕广 等,2013;胡建平 等,2012;罗尔呷 等,2022)。

③ 厌氧生物膜池

厌氧生物膜池是通过在厌氧池内填充生物填料强化厌氧处理效果的一种技术。厌氧池中填料有利于微生物生长、易挂膜、不易堵塞、比表面积大，从而提高对污染物的去除效果。该技术具有经济便捷、施工简单、无动力运行、维护简便等优点，且池体可埋于地下，不占用土地，其上方可覆土种植植物，美化环境。但其处理效果有限，须接后续处理单元进一步处理后才能排放。

(2)生物处理技术

① 厌氧-好氧活性污泥法(AO 法)

AO 是 Anaerobic Oxic 的缩写，AO 工艺法也叫厌氧好氧工艺法，A(Anaerobic)是厌氧段，用于脱氮除磷；O(Oxic)是好氧段，用于去除水中的有机物。在厌氧段，异养菌将污水中悬浮污染物和可溶性有机物水解为有机酸，使大分子有机物分解为小分子有机物，不溶性的有机物转化成可溶性有机物；在好氧段，充足供氧条件下，自养菌的硝化作用将 $NH_3-N(NH_4^+)$ 氧化为 NO_3^-，通过回流控制返回至 A 池，在缺氧条件下，异养菌的反硝化作用将 NO_3^- 还原为分子态氮(N_2)完成 C、N、O 在生态中的循环，实现污水无害化处理。该技术具有效率高、流程简单、建设和运行费用较低等优点；但由于没有独立的污泥回流系统，难降解物质的降解率较低，若要提高脱氮效率，须加大内循环比，运行费用增多。

② 厌氧-缺氧-好氧活性污泥法(A^2/O 法)

A^2/O 法是指通过厌氧区、缺氧区和好氧区的各种组合以及不同的污泥回流方式来去除水中有机污染物和氮、磷等的活性污泥污水处理方法。该技术通过好氧区混合液回流到缺氧区来去除水中的氮，通过沉淀区污泥回流到厌氧区来去除水中的磷，从而达到脱氮除磷的目的(吴昌永，2010)。该技术具有工艺设计方法成熟、设施占地面积较小、有机物降解率高且污泥沉降性能好等优点；但也有部分缺点，比如进入沉淀池的处理水要保持一定浓度的溶解氧、脱氮除磷效果难再提高等。

③ 序批式活性污泥法（SBR）

SBR 是指在同一反应池（器）中，按时间顺序由进水、曝气、沉淀、排水和待机五个基本工序组成的活性污泥污水处理方法，其主要变形工艺包括循环式活性污泥工艺（CASS 或 CAST 工艺）、连续和间歇曝气工艺（DAT-IAT 工艺）、交替时内循环活性污泥工艺（AICS 工艺）等（王凯军 等，2002）。该技术具有工艺流程简单、操作灵活、耐冲击负荷、可防止污泥膨胀、运行管理自动化、出水水质好、基建投资小等优点。但该方法对自控系统的要求较高，在实际运行中，特别是水量较大时，须多套反应池并联运行，增加了控制系统的复杂性。

④ 氧化沟

氧化沟是活性污泥法的一种变型，其曝气池呈封闭的沟渠形，因污水和活性污泥在沟中不断循环流动，又称循环曝气池、无终端曝气池。氧化沟一般由沟体、曝气设备、进出水装置、导流和混合设备组成，沟体的平面形状一般呈环形，也可以是长方形、L 形、圆形或其他形状，沟端面形状多为矩形和梯形（邓荣森，2006）。氧化沟这种封闭循环式的结构能够交替产生好氧/缺氧区域，因而能满足污水的脱氮要求。氧化沟具有结构简单、运维简便、成本低廉、应用范围广等优点，但当污泥龄过长时出水中悬浮物含量较高，导致出水水质变差。

⑤ 生物滤池

生物滤池包括普通生物滤池、高负荷生物滤池、生物转盘、生物接触氧化法等类型。

普通生物滤池是指在较低负荷率下运行的生物滤池，也叫低负荷生物滤池。低负荷生物滤池水力停留时间长、出水稳定、污泥沉淀性能好，但滤速低、占地面积大、水力冲刷作用小、易堵塞和短流、生长灰蝇、散发臭气、卫生条件差，目前已趋于淘汰。

高负荷生物滤池是指在高负荷率下运行的生物滤池,回流式生物滤池和塔式生物滤池就是这种类型的代表(接忠敏 等,2013)。高负荷生物滤池占地小、抗冲击能力强、处理效果稳定、卫生条件好,但污水进入前,必须经过预处理降低悬浮物浓度,以防堵塞滤料。滤料上的生物膜不断脱落更新,随处理水流出,所以高负荷生物滤池后须设置二次沉淀池,以沉淀悬浮物。

生物转盘又名转盘式生物滤池,属于填充式生物膜法处理设备。传统的生物转盘包括盘片、接触反应槽、转轴及驱动装置等(高延耀 等,2004)。转盘浸入或部分浸入充满污水的接触反应槽内,并以一定的速度转动,转盘交替地与污水和空气接触,一段时间后盘片上会附着一层生物膜,与污水接触时生物膜不断吸附降解水中的污染物,与空气接触时,空气不断地溶解到水膜中,增加其溶解氧,逐渐形成一个连续的吸附、氧化分解、吸氧的过程,从而使污水不断得到净化。该技术具有安装便捷、操作简单、系统可靠、操作和运行费用低等优点,同时也存在盘片上生物膜易脱落、处理效率低、能耗偏高等缺点。

生物接触氧化法又称浸没式生物滤池,由浸没于污水中的填料、填料表面的生物膜、曝气系统和池体构成。污水浸没全部填料,通过曝气充氧,增加水体溶氧环境,使氧气、污水和填料三相充分接触,填料上附着生长的微生物可有效地去除污水中的污染物。该技术具有结构简单、占地面积小、污泥产率较低、对水质水量骤变有较强适应能力等优点,但较传统活性污泥法和生物膜法投资费用高,对磷的去除效果较差,可调控性差。

⑥ 膜反应器

膜反应器包括膜生物反应器(MBR)、移动床生物膜反应器(MBBR)等类型。

膜生物反应器(MBR)是一种膜分离单元与生物处理单元相结合的新型水处理技术,按照膜的结构可分为平板膜、管状膜和中空纤维膜等,按膜孔径可划分为微滤膜、超滤膜、纳滤膜、反渗透膜等(黄霞 等,2008)。膜生物反应器使用膜组件来取代传统生物处理技术的沉淀池,利用膜分离技术截留水中的活性污泥和大分子难降解有机物,增加水力停留时间(HRT),从而提高降解效果(郑祥 等,2000)。该技术具有流程简单、占地面积小、耐负荷冲击能力强、出水水质高等优点,但在运行过程中,膜易受到污染,使膜通量降低,管理较为不便。

移动床生物膜反应器(MBBR)是在固定床反应器、流化床反应器和生物滤池的基础上发展起来的一种改进的新型复合生物膜反应器。该技术原理是通过向反应器中投加一定数量的悬浮载体,提高反应器中的生物量及生物种类,从而提高反应器的处理效率。它克服了固定床反应器需要定期反冲洗,流化床反应器需要使载体流化,淹没式生物滤池需要清洗滤料和更换曝气器等的不足,又保留了传统生物膜法抗冲击负荷、污泥产量少、泥龄长的特点。但反应器中的填料依靠曝气和水流的提升作用处于流化状态,易出现局部填料堆积的现象。

(3)生态处理技术

① 稳定塘

稳定塘又名氧化塘或生物塘,是一种利用水体自然净化能力处理污水的生物处理设施,主要通过塘内的藻、菌、浮游水生物的综合作用净化污水。根据使用功能、生物种类、供氧途径等的不同,稳定塘可分为好氧塘、兼性塘、厌氧塘、曝气塘和生态塘五种。好氧塘的深度约在 0.5 m,整个塘水均含有溶解氧。兼性塘有好氧、厌氧和缺氧三个区域,其深度在 1.2~1.5 m。厌氧塘深度超过 2.0 m,正常情况下不栽种植物。曝气塘深度多大于 2.0 m,塘内有曝气设备。生态塘主要用于深度污水处理,可种植挺水植物、沉水植物等。稳定塘具有结构简便、出水水质好、经济成本低、运行费用省、便于管理等优点。但污水进入前需要预处理,处理效果随气候和季节变化波动较大,若塘内污染物浓度过高,则会散发臭气和滋生蚊虫。

② 人工湿地

人工湿地是通过模拟自然湿地的结构与功能,人为建造的用于污水处理的设施。它是由基质、微生物和植物按照一定方式配置而成,通过吸附、滞留、过滤、沉淀、离子交换、植物吸收和微生物分解来实现对污水的高效净化(李娜 等,2008)。根据水流形态,人工湿地可分为表面流人工湿地、潜流人工湿地两种基本形式。表面流人工湿地即水面在表层填料以上,污水从池体进水端水平流向出水端。潜流人工湿地即水面在表层填料以下,污水从池体进水端水平或垂直流向出水端,因此,又分为水平潜流人工湿地和垂直潜流人工湿地。人工湿地具有工艺简单、缓冲容量大、处理效果好、运行费用低等特点,但其占地面积大,设计不当易堵塞,处理效果受季节影响,随运行时间延长除磷能力逐渐下降。

③ 土地渗滤系统

土地渗滤系统是一种人工强化的污水生态工程处理技术,即人工控制条件下将污水投配在土地上,通过土壤-植物系统,经物理、化学和生物等一系列净化过程,使污水得到净化。根据污水的来水方式和处理方式,可以分为慢速渗滤、快速渗滤、地表漫流和地下渗滤四种类型。慢速渗滤适用于污水量较少的地区,经蒸发、作物吸收和入渗过程后,系统完全将污水净化吸纳。快速渗滤适用于具有良好渗透性能的土地,污水向下渗滤的过程中,通过过滤、沉淀、氧化、还原以及生物氧化、硝化、反硝化等作用得到净化处理(成先雄 等,2005)。地表漫流适用于黏土或亚黏土地区,污水通过喷灌或滴灌的方式均匀漫流,处理后的水收集后,可回用或排到就近水体。地下渗滤系统即通过管道将预处理后的污水有控制地运输到地下距地面约 0.5 m 深的渗滤田,在土壤的渗滤作用和毛细管作用下,污水向四周扩散,通过过滤、沉淀、吸附和微生物降解等,使污水得到净化(成先雄 等,2005)。土地处理技术具有工程简单、成本低、能耗低、运维简便等优点,但该技术的污染负荷低,占地面积大,处理效果不稳定,如若防渗处理不当,可能污染地下水。

（4）相关工艺优化组合

目前农村生活污水治理采用的多是预处理、生物处理、生态处理等优化组合处理工艺,其运行稳定性更高、处理效果更好。如适用于水环境要求一般且可利用土地充足的农村地区污水治理技术,包括化粪池/沼气池—稳定塘/人工湿地/土壤渗滤组合工艺等;适用于环境要求较高的农村地区污水治理技术,包括预处理—生物膜法(生物接触氧化池、生物滤池等)/活性污泥法(氧化沟、AO、A^2/O、SBR、MBR 等)组合工艺、预处理—厌氧池—稳定塘/人工湿地/土壤渗滤组合工艺、预处理—生物稳定塘/土壤渗滤—人工湿地组合工艺等;适用于水环境保护要求高且需要执行相对严格标准的农村地区污水治理技术,包括预处理—强化 A^2/O—深度处理组合工艺、预处理—生物接触氧化池/SBR/MBR 等—人工湿地组合工艺等。

1.4.3　国内企业主要技术装备

随着我国不断加大农村生活污水治理力度,以企业研发为代表的农村生活污水处理技术装备得到发展,如金达莱公司的兼氧膜生物反应器技术(FMBR)、桑德公司的多级生物接触氧化技术(SMART-PFBP)、碧水源公司的智能一体化污水净化系统(CWT)、双良商达公司的发酵生物反应器(FBR)等。

（1）兼氧膜生物反应器技术（FMBR）

FMBR 是江西金达莱环保股份有限公司自主研发的专利技术,是对传统MBR 技术的全面提升。FMBR 利用厌氧菌、好氧菌等多种菌落的共存特性,将传统污水处理生化—沉淀分离—过滤—消毒—污泥脱水干化—污泥处置等多个环节合并、高度集成,通过创建兼氧环境,使微生物形成食物链,加之原创的气化除磷技术,将有机废水中的碳、氮、磷在同一单元同步去除,实现污水的高效处理。该技术具有流程简单、管理便捷、环境友好、适应性强等优点。

（2）多级生物接触氧化技术（SMART-PFBP）

SMART-PFBP 是北京桑德环境工程有限公司针对村镇污水及流域水环

境治理研发的创新技术。该技术在传统生物接触氧化法的基础上将反应单元设计成多级形式，使得原单级或二级反应器中的混合菌群在多级反应器中形成优势菌自然分化，各级中的优势菌群功能进一步发挥，使得处理效率大大提高。在多级处理单元内，通过生物填料上面的厌氧、缺氧、好氧微生物等的生化反应，在去除有机污染物的同时，实现同步硝化和反硝化，达到脱氮除磷的目的。该技术具有性能优越、污泥自动回流、维护方便、运行费用低等优点。

（3）智能一体化污水净化系统（CWT）

CWT 是北京碧水源科技股份有限公司自主研发的集成式高效点源污水处理设备，是生物技术与膜技术有机结合的高科技产品。CWT 以膜工艺为核心工艺，污染物去除原理与 MBR 工艺类似，主要通过缺氧和好氧工艺对污染物进行降解，再通过膜分离技术进行固液分离。CWT 采用四个单元组成，污水处理设备分为缺氧单元、好氧＋膜池单元、控制＋设备单元、办公单元，其中办公单元为可选单元，根据项目情况和需求配置。该技术具有模块化、智能化、运输便利、安装快捷、根据现场场地条件任意组合、高效节能、无须专人看管等优点。

（4）发酵生物反应器（FBR）

FBR 是浙江双良商达环保有限公司研发的一体化农村生活污水处理设备。FBR 采用复合玻璃钢技术与改良 A^2/O＋发酵强化技术相结合的工艺，基于微生物发酵理念和生物过程工程技术，使生化功能区维持特定功能菌的高活性、高丰度，显著增强生化功能区生态系统的稳定性和抗冲击性，实现高效脱氮除磷。生活污水经管网收集后，首先经格栅井除去大颗粒悬浮物及其他杂质，然后进入 FBR，通过微生物的厌氧、兼氧、好氧作用，去除污水中绝大部分污染物，出水水质达到一级 A 标准，后可经配套生态滤池进一步强化处理。每隔半年到一年用吸粪车或污泥自吸泵抽出沉淀池底部的部分污泥及隔油沉砂池沉渣。该技术具有达标稳定、经济适用、管理智能、持久耐用等特点。

第2章　我国农村生活污水治理状况评估

当前,农村生活污水治理是"十四五"我国农村人居环境整治提升最为突出的一块短板。在全面分析我国农村生活污水治理现状的基础上,研判农村生活污水治理的短板和弱项,剖析产生问题的主要成因,可有效提升农村生活污水治理的科学性和精准性,为制定和出台有关扶持性政策和措施奠定工作基础。

2.1　我国农村生活污水治理现状

据生态环境部统计,截至 2022 年 9 月底,全国农村生活污水治理率达到 31％左右,其中乡镇政府驻地、中心村等重点村庄生活污水治理率达到 40％以上,京津冀、长江经济带和黄河流域农村生活污水治理率分别为 44.9％、27.4％和 31.7％。由表 2-1、图 2-1 可知,从区域分布来看,东部地区农村生活污水治理率为 53.6％,高于中部地区(25.5％)和西部地区(20.9％);从各省份来看,由于经济水平、自然条件、人口密度、风俗文化等条件影响,各省(区、市)农村生活污水治理差异较大,浙江、天津、上海等省(市)治理率达 80％以上,而广西、贵州、云南、西藏、青海等省(区)治理率低于 15％。住房和城乡建设部《2021 城乡建设统计年鉴》数据显示,我国农村污水处理设施数量有较快增长,处理能力也逐步提升,2021 年全国农村建制镇及乡村生活污水处理设施(厂)的数量为 13614 座,是 2016 年(3985 座)的 3.5 倍;农村生活污水处理能力也逐步提升,2021 年处理能力为 2958 万 m³/d,比 2016 年(1473 万 m³/d)提高了 2 倍。

表 2-1　各省(区、市)和新疆生产建设兵团农村生活污水治理率统计表(截至 2022 年 9 月底)

序号	省份	农村生活污水治理率(%)
1	北京	53.8
2	天津	90.0
3	河北	41.5
4	辽宁	23.5
5	上海	84.2
6	江苏	40.7
7	浙江	89.2
8	福建	53.3
9	山东	39.2
10	广东	39.1
11	海南	35.1
	东部小计	53.6
1	山西	15.8
2	吉林	17.1
3	黑龙江	26.1
4	安徽	21.4
5	江西	27.9
6	河南	35.9
7	湖北	29.5
8	湖南	30.0
	中部小计	25.5
1	内蒙古	22.2
2	广西	14.4
3	重庆	34.2
4	四川	27.4
5	贵州	14.8

续表

序号	省份	农村生活污水治理率(%)
6	云南	11.9
7	西藏	5.6
8	陕西	32.8
9	甘肃	23.4
10	青海	13.7
11	宁夏	31.1
12	新疆	22.8
13	兵团	17.2
西部小计		20.9
全国合计		31.0

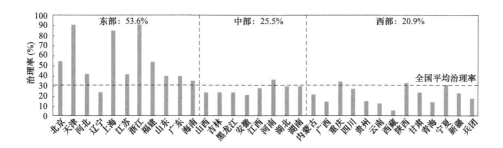

图 2-1　各省(区、市)和新疆生产建设兵团农村生活污水治理率

2.2　主要问题与成因分析

由于农村环境保护历史欠账较多,截至 2022 年 9 月底,全国仍有 70% 左右的行政村生活污水未得到处理和资源化利用,突出表现为区域进展不平衡、城乡服务不均衡、技术支撑不到位、农民参与不充分、长效机制不健全等(鞠昌华 等,2016;柴喜林,2019;王波,2021)问题。分析上述问题,主要包括以下五个方面原因。

2.2.1　统筹谋划不足

部分地区对乡村发展规律认识不清,生态优先、绿色发展理念未落实到农村生活污水治理的全过程和各方面,使污水治理与农村生态系统内部联系被割裂(王波 等,2020a)。部分县域农村生活污水治理专项规划与国土空间规划、交通运输发展规划、流域治理规划等融合不够,导致规划的科学性和实操性不足。部分村庄建设规划滞后,对保留村、整治村和拆迁村的通盘统筹不足,出现项目建设时序混乱、设施闲置浪费、改厕与管网衔接不足等问题。尽管明确要求加强改厕与农村生活污水治理有机衔接,但实际工作推进中,一些地区部门间"各自为战"、管网建成后收集不到污水等问题时有发生。

2.2.2　技术支撑较弱

受经济发展水平等因素影响,现有处理技术体系仍无法满足经济欠发达地区农村生活污水治理需要(王波 等,2021),尤其是山区丘陵、干旱缺水、高寒缺氧等地区。不少地区对设施出水水质、设计建设、运维监管等制度缺乏顶层设计,使得因标准和要求的频繁变更而增加地方工作推进难度。一些农村生活污水处理项目在编制可研报告、初步设计时,由于前期调查不深入、村民需求不掌握,出现设计能力偏大、污水难收集、进水浓度过低等问题。而这些方案设计、设施建设的"先天不足",又给后续运维管理、达标排放等带来诸多问题(Chen et al.,2017)。此外,"政产学研"深度融入不够,也是科技支撑较弱的具体表现之一(叶林奕 等,2022)。大部分农村地区缺乏专业人员,第三方企业实力和专业水平良莠不齐。

2.2.3　投入空缺较大

鞠昌华等(2016)在研究农村生活污水治理投资需求时,认为农村生活污水处理设施的建设投资费用在 0.15 万～1.00 万元/m³。2020 年,我国农村常住人口 5.09 亿,即使按照人均排放生活污水 30 L/d 来测算,解决好剩余行政村的生活污水治理仍需投资 170 亿～1138 亿元。这与我国现有投资水平相比,农村生活污水处理设施的建设资金缺口较大。国家出台的有关土地出让收入、政府债券、信贷支持、税收减免等政策落实不到位。受周期长、运行成本高、回报少等因素影响,现阶段市场商业模式不成熟,投资回报机制不健全,吸引社会资本参与的积极性不高。农村生活污水处理收费制度尚未健全。

2.2.4　长效机制不全

农村生活污水处理设施运维长效机制不健全是造成设施不正常运行的主要原因,一些设施由于责任主体不明确,导致责权不清,无人负责运行管理;一些设施由于缺乏管护资金,导致设施无法正常运行;一些设施由于缺少规章制度约束,导致设施损坏严重,无人维修,解决好"谁来管、钱哪来、怎么管"是关键(王波 等,2020a;王波 等,2020b)。据相关媒体报道,由于运营资金短缺、管网配套不同步、专业技术人员缺乏等因素(Zou et al.,2012;Wei et al.,2020;Yang et al.,2021),农村生活污水处理设施"晒太阳"问题比较突出。有学者针对"大政府、小社会"的管理问题,呼吁建立多元主体共同参与建设和管护的长效机制(王波 等,2020a)。

2.2.5　村民参与缺位

在农村生活污水治理推进过程中,一些村民普遍存在"政府的事""别人家的事""建设时不配合、运维时不关心、损坏了不痛心"等心态。一方面是由于村基层党组织核心作用发挥不够,在污水治理项目规划、选址、设计、建设等环节缺乏与群众的沟通,导致农户阻挠、拒绝配合、故意损坏污水管网及治理设施等现象发生。另一方面是由于村民环保意识较为薄弱,加之经济收入有限、宣传引导不足,村民参与生活污水治理的自觉性和主动性不强(Fu et al.,2020)。

第3章　我国农村生活污水治理政策演进

我国农村生活污水治理政策先后经历了试点示范期、重点推进期、全面推进期三个阶段。开展我国农村生活污水治理政策演进研究,把脉不同时期农村生活污水治理政策的时代特征和政策背景,聚焦农村生活污水治理有关的治理规划、排放标准、技术指南、运维管理等方面,将国家制度需求和地方实践创新有机结合起来,进一步提升各类扶持性政策的落地性和精准性,可为全面推进农村生活污水治理工作提供有利的政策支撑。

3.1　农村生活污水政策历程

2008 年,国务院首次召开全国农村环境保护工作电视电话会议,标志着统筹城乡环境保护新格局的形成,也标志着农村环境保护工作迎来新的发展阶段。依据我国农村生活污水治理政策演进历程的标志性事件,如国家层面的标志性会议或文件等,将我国农村生活污水治理政策历程分为三个阶段,即试点示范期(2008—2012 年)、重点推进期(2013—2017 年)、全面推进期(2018 年至今)。

(1)2008—2012 年:试点示范期

2008 年,国家实施农村环境"以奖促治"政策,设立中央农村环境保护专项资金,开展了包括农村生活污水治理在内的农村环境综合整治,着力解决广大农民群众身边突出的环境问题。这一时期,农村环境综合整治以试点示范为重点,开展农村环境问题村治理、农村环境连片整治等试点示范,其中农村生活污水治理是其重要的整治任务,但仅处在初步探索阶段,整理治理水平不高。

2009 年,国务院印发《关于实行"以奖促治"加快解决突出的农村环境问题的实施方案》(国办发〔2009〕11 号),其中农村生活污水治理是"以奖促治"政策重点支持内容。《关于印发〈中央农村环境保护专项资金管理暂行办法〉的通知》(财建〔2009〕165 号)和《中央农村环境保护专项资金环境综合整治项目管理暂行办法》(环发〔2010〕20 号)的出台,规范了专项资金的项目管理和资金管理。2010 年,原环境保护部印发《全国农村环境连片整治工作指南(试行)》(环办〔2010〕178 号),明确了连片形式和整治重点。随后又先后启动了江苏、湖南等的全省拉网式全覆盖试点。

(2)2013—2017 年:重点推进期

党的十八大以来,国家高度重视农村环境保护和农村生活污水治理工作,通过修订法律法规、加强生态文明建设、启动污染防治行动计划等措施,加强了重点区域和重要领域的环境治理。这一时期,我国以浙江、江苏等东部地区为代表的省份,持续加大农村生活污水治理率,推动农村生活污水取得显著成效,如浙江省通过持续实施"千村示范、万村整治"工程,获得联合国"地球卫士奖",以浙江为代表的我国农村环境整治成果得到国际社会认可。

2014 年,新修订的《环境保护法》首次明确了各级政府应安排财政预算支持农村环境综合整治等要求;国务院印发了《关于改善农村人居环境的指导意见》(国办发〔2014〕25 号)。2015 年,国务院印发《水污染防治行动计划》(国发〔2015〕17 号),提出以县级行政区域为单元,实行农村污水处理统一规划、统一建设、统一管理。2017 年环境保护部、财政部联合印发了《全国农村环境综合整治"十三五"规划》,提出重点在村庄密度较高、人口较多的地区,开展农村生活污水污染治理。此外,原环境保护部、财政部等部门也先后出台了多个规范性文件,指导和推动了全国农村环境保护及农村生活污水治理工作。

(3)2018年至今:全面推进期

2018年,国家机构改革落实到位后,在农村人居环境整治方面,生态环境部负责农村生活污水治理的指导和监督工作。随着全国农村人居环境整治三年行动的深入推进,农村生活污水治理迎来大提升、大跨步的新机遇。这一时期,农村生活污水治理相关政策出台最为集中,有关农村生活污水治理的标准规范、规划指南、处理技术和后期运维、扶持政策等制度建设加快推出,使农村生活污水和黑臭水体治理进入了全面推进时期。

2018年,国家印发《农村人居环境整治三年行动方案》明确,因地制宜采用污染治理与资源利用相结合、工程措施与生态措施相结合、集中与分散相结合的建设模式和处理工艺;生态环境部、住建部联合印发了《关于加快制定地方农村生活污水处理排放标准的通知》(环办水体函〔2018〕1083号)。2019年,中央农办等部门印发了《关于推进农村生活污水治理的指导意见》,指出以县为单位建立现状基础台账、编制农村生活污水治理规划或方案;生态环境部等先后印发了《县域农村生活污水治理专项规划编制指南(试行)》《关于推进农村黑臭水体治理工作的指导意见》。2020年,生态环境部印发了《农村生活污水(黑臭水体)治理综合试点工作方案》,启动了农村生活污水和黑臭水体治理试点工作。2021年,中共中央办公厅、国务院办公厅印发了《农村人居环境整治提升五年行动方案(2021—2025年)》,要求分区分类推进农村生活污水治理,落实用地、用水、用电,税收减免,项目简易审批等相关扶持优惠政策;生态环境部联合国家开发银行印发了《关于深入打好污染防治攻坚战共同推进生态环保重大工程项目融资的通知》,明确对符合放贷条件的污水处理设施建设项目提供信贷支持。2022年,中共中央办公厅、国务院办公厅印发《乡村建设行动实施方案》,明确农村生活污水处理设施用电按规定执行居民生活用电价格;生态环境部、农业农村部等印发《农业农村污染治理攻坚战行动方案(2021—2025年)》,再次强调加强农村改厕与生活污水治理衔接,分区分类治理生活污水。

3.2　农村生活污水处理排放标准

3.2.1　制定情况

2011 年,宁夏回族自治区发布了我国首个地方农村生活污水处理排放标准;2013—2018 年,山西省、河北省、浙江省、江苏省等先后出台农村生活污水处理排放标准,其他地区仍主要执行《城镇污水处理厂污染物排放标准》(GB 18918—2002)、《污水综合排放标准》(GB 8978—1996)等(许明珠 等,2017)。由于农村的经济条件、人口趋势、生活习惯、用水现状、排放特征、污水处理工艺等方面与城镇差别较大,城镇排放标准不适宜于农村地区,会导致农村生活污水处理设施的建设成本高、运行维护难度大等方面的问题,难以满足各地开展农村生活污水治理的需要。

2018 年 9 月,生态环境部办公厅、住房和城乡建设部办公厅联合发布《关于加快制定地方农村生活污水处理排放标准的通知》(环办水体函〔2018〕1083 号),指导各地要根据农村不同区位条件、村庄人口聚集程度、污水产生规模、排放去向和人居环境改善需求,按照分区分级、宽严相济、回用优先、注重实效、便于监管的原则,分类确定控制指标和排放限值。截至 2021 年底,全国各省(区、市)均印发了省级农村生活污水处理排放标准,其中宁夏、山西、河北、浙江、江苏等对已有标准进行了修订和完善。

总体上,农村生活污水处理排放标准从范围、规范性引用文件、术语和定义、水污染物排放控制要求、监测要求、实施与监督等方面提出了农村生活污水处理设施排放的具体要求,不同省(区、市)间标准框架略有差异,如上海和青海更加注重污泥处置(管控);江苏、广东、黑龙江、安徽、江西等 16 个省(区、市)标准中增加了一般要求(基本要求),对污水收集、处理模式等进行了规定。我国 31 个省(区、市)制定的农村生活污水处理排放标准情况详见表 3-1。

表 3-1　各省(区、市)农村生活污水处理排放标准制定情况表

省(区、市)	名称	印发时间
北京	《农村生活污水处理设施水污染物排放标准》(DB11/1612—2019)	2019 年
天津	《农村生活污水处理设施水污染物排放标准》(DB12/889—2019)	2019 年
河北	《农村生活污水排放标准》(DB13/2171—2015)	2015 年
	《农村生活污水排放标准》(修订)(DB13/2171—2020)	2020 年
辽宁	《农村生活污水处理设施水污染物排放标准》(DB21/3176—2019)	2019 年
上海	《农村生活污水处理设施水污染物排放标准》(DB31/T1163—2019)	2019 年
江苏	《村庄生活污水治理水污染排放标准》(DB32/T3462—2018)	2018 年
	《农村生活污水处理设施水污染物排放标准》(修订)(DB32/3462—2020)	2020 年
浙江	《农村生活污水处理设施水污染物排放标准》(DB33/973—2015)	2015 年
	《农村生活污水集中处理设施水污染物排放标准》(修订)(DB33/973—2021)	2021 年
福建	《福建省农村生活污水处理设施水污染物排放标准》(DB35/1869—2019)	2019 年
山东	《农村生活污水处理处置设施水污染物排放标准》(DB37/3693—2019)	2019 年
广东	《农村生活污水处理排放标准》(DB44/2208—2019)	2019 年
海南	《农村生活污水处理设施水污染物排放标准》(DB46/483—2019)	2019 年
山西	《农村生活污水处理设施污染物排放标准》(DB14/726—2013)	2013 年
	《农村生活污水处理设施水污染物排放标准》(修订)(DB14/726—2019)	2019 年
吉林	《农村生活污水处理设施水污染物排放标准》(DB22/3094—2020)	2020 年
黑龙江	《农村生活污水处理设施水污染物排放标准》(DB23/2456—2019)	2019 年
安徽	《农村生活污水处理设施水污染物排放标准》(DB34/3527—2019)	2019 年
江西	《农村生活污水处理设施水污染物排放标准》(DB36/1102—2019)	2019 年
河南	《农村生活污水处理设施水污染物排放标准》(DB41/1820—2019)	2019 年
湖北	《农村生活污水处理设施水污染物排放标准》(DB42/1537—2019)	2019 年
湖南	《农村生活污水处理设施水污染物排放标准》(DB43/1665—2019)	2019 年
内蒙古	《农村生活污水处理设施污染物排放标准》(DBHJ001—2020)	2020 年

省(区、市)	名称	印发时间
广西	《农村生活污水处理设施水污染物排放标准》(DB45/2413—2021)	2021 年
重庆	《农村生活污水集中处理设施水污染物排放标准》(DB50/848—2018)	2018 年
	《农村生活污水集中处理设施水污染物排放标准》(修订)(DB50/848—2021)	2021 年
四川	《农村生活污水处理设施水污染物排放标准》(DB51/2626—2019)	2019 年
贵州	《农村生活污水处理设施水污染物排放标准》(DB52/1424—2019)	2019 年
云南	《农村生活污水处理设施水污染物排放标准》(DB53/T953—2019)	2019 年
西藏	《农村生活污水处理设施水污染物排放标准》(DB54/T0182—2019)	2019 年
陕西	《农村生活污水处理设施水污染物排放标准》(DB61/1227—2018)	2018 年
甘肃	《农村生活污水处理设施水污染物排放标准》(DB62/T4014—2019)	2019 年
青海	《农村生活污水处理排放标准》(DB63/T1777—2020)	2020 年
宁夏	《农村生活污水排放标准》(DB64/T700—2011)	2011 年
	《农村生活污水处理设施水污染物排放标准》(修订)(DB64/700—2020)	2020 年
新疆	《农村生活污水处理排放标准》(DB65/4275—2019)	2019 年

3.2.2　内容对比分析

3.2.2.1　适用范围

绝大多数省(区、市)明确了农村生活污水处理排放标准适用处理规模(表 3-2),仅内蒙古自治区未明确处理规模。在明确排放标准适用处理规模的省份中,北京、天津等大部分省(区、市)提出标准适用于处理规模小于 500 m³/d 的农村生活污水处理设施水污染物排放管理;上海市和青海省进一步缩小范围,适用处理规模分别为小于 300 m³/d、小于 350 m³/d;河北、重庆、陕西等省(市)明确了适用处理规模最小值,如河北省提出标准适用于 5~500 m³/d 的农村生活污水处理设施。

表 3-2　各省(区、市)农村生活污水处理排放标准适用范围

省(区、市)	适用范围
北京	小于 500 m³/d(不含)
天津	小于 500 m³/d(不含)
河北	5 m³/d(含)～500 m³/d(不含)
辽宁	小于 500 m³/d(不含)
上海	小于 300 m³/d(不含)
江苏	小于 500 m³/d(不含)
浙江	小于 500 m³/d(不含)
福建	小于 500 m³/d(不含)
山东	小于 500 m³/d(不含)
广东	小于 500 m³/d(不含)
海南	小于 500 m³/d(不含)
山西	小于 500 m³/d(不含)
吉林	小于 500 m³/d(不含)
黑龙江	小于 500 m³/d(不含)
安徽	小于 500 m³/d(不含)
江西	小于 500 m³/d(不含)
河南	小于 500 m³/d(不含)
湖北	小于 500 m³/d(不含)
湖南	小于 500 m³/d(不含)
内蒙古	——
广西	小于 500 m³/d(不含)
重庆	20 m³/d(含)～500 m³/d(含)
四川	小于 500 m³/d(不含)
贵州	小于 500 m³/d(不含)
云南	小于 500 m³/d(不含)
西藏	小于 500 m³/d(不含)
陕西	50 m³/d(含)～500 m³/d(含)
甘肃	小于 500 m³/d(不含)
青海	小于 350 m³/d(不含)
宁夏	小于 500 m³/d(不含)
新疆	小于 500 m³/d(不含)

3.2.2.2　标准分级

31 个省(区、市)农村生活污水排放标准根据污水排放去向、处理设施规模等的不同进行了分级。按照排放去向分级方式,主要分为直接或间接排入《地表水环境质量标准》(GB 3838—2002)Ⅱ类~Ⅴ类功能水体、《海水水质标准》(GB 3097—1997)二类至四类海域、其他环境功能明确及环境功能未明确水体等(李云 等,2022),排放水体环境功能越高要求越严,如上海市、浙江省、陕西省等;按照排放去向和设施规模双重条件分级方式,排放水体功能越高要求越严,相同排放水体功能,设施规模(范围)越高要求越严,如北京市、天津市、河北省、辽宁省、江苏省等;部分省份对小型分散处理设施排放标准只进行了设施规模要求,如北京市、湖北省、云南省等。如表 3-3 所示,31 个省(区、市)农村生活污水排放标准共有 7 种分级方式,多数省(区、市)采用了一级/二级/三级的分级方式。根据污水排放去向、处理设施规模的不同,每个级别又划为 1~5 档,如宁夏回族自治区将二级标准划分为 5 档(表 3-4)。

表 3-3　各省(区、市)农村生活污水排放标准分级方式

序号	分级方式	省(区、市)
1	一级/二级/三级	河北、辽宁、广东、海南、山西、吉林、黑龙江、江西、河南、湖北、湖南、内蒙古、广西、重庆、四川、贵州、西藏、甘肃、青海、宁夏、新疆
2	一级/二级	天津、浙江、山东、陕西
3	一级 A/一级 B/二级 A/二级 B/三级	北京
4	一级 A/一级 B/二级/三级	江苏、云南
5	一级 A/一级 B/二级	安徽
6	一级/二级 A/二级 B	福建
7	一级 A/一级 B	上海

表3-4 各省(区、市)农村生活污水排放标准分级方式

省(区、市)		一级标准 A	一级标准 B	二级标准 A	二级标准 B	三级标准	特别排放限值
北京	新改扩建	排入北京市Ⅱ类、Ⅲ类功能水体,规模50 m³/d(含)~500 m³/d(不含)	排入北京市Ⅱ类、Ⅲ类功能水体,规模5 m³/d(含)~50 m³/d(不含)	排入其他水体,规模50 m³/d(含)~500 m³/d(含)	排入其他水体,规模5 m³/d(含)~50 m³/d(不含)	规模小于5 m³/d(不含)	
北京	2014年1月1日(含)后建成或环境影响评价文件通过审批的	排入北京市Ⅱ类、Ⅲ类功能水体,规模大于50 m³/d(含)	排入北京市Ⅱ类、Ⅲ类功能水体,规模5 m³/d(含)~50 m³/d(不含)	排入其他水体,规模大于50 m³/d(含)	排入其他水体,规模5 m³/d(含)~50 m³/d(不含)	规模小于5 m³/d(不含)	
北京	2014年1月1日(不含)前已建成或环境影响评价文件通过审批的	排入北京市Ⅱ类、Ⅲ类功能水体,规模大于5 m³/d(含)		排入其他水体,规模大于5 m³/d(含)		规模小于5 m³/d(不含)	
天津		排入沟渠、池塘等水功能区划未明确水体,规模50 m³/d(含)~500 m³/d(含)		排入沟渠、池塘等水功能区划未明确水体,规模大于50 m³/d(含)	排入Ⅲ类水体(划定的保护区和游泳区除外)或二类海域,规模小于100 m³/d(不含)	—	
河北		排入湖泊、水库等封闭、半封闭水域;排入Ⅲ类水体(划定的保护区和游泳区除外)或二类海域,规模大于100 m³/d(含)		排入Ⅳ类、Ⅴ类水体或三类、四类海域,以及排入沟渠、水塘等水功能区划未明确水体,规模大于100 m³/d(含)	排入三类、四类海域,水塘等水功能区划未明确水体,规模大于100 m³/d(含)	排入Ⅳ类、Ⅴ类水体或三类、四类海域,水塘等水功能区划未明确水体,规模小于100 m³/d(不含)	

续表

省(区,市)	一级标准 A	一级标准 B	二级标准 A	二级标准 B	三级标准	特别排放限值
辽宁	排入Ⅲ类水体(划定的饮用水源保护区除外)和二类海水浴场区(珍惜水产养殖区,海水浴场区除外),规模10 m³/d(含)~500 m³/d(不含)		排入Ⅲ类水体(划定的饮用水源保护区除外)和二类海水浴场区(珍惜水产养殖区,海水浴场区除外),规模小于10 m³/d(不含);排入Ⅳ类、Ⅴ类水体和三类、四类海域,规模10 m³/d(含)~500 m³/d(不含);排入其他水体,规模50 m³/d(含)~500 m³/d(不含)		排入Ⅳ类、Ⅴ类水体和三类、四类海域,规模小于10 m³/d(不含);排入其他水体,规模小于50 m³/d(含)	
上海	排入Ⅲ类及以上水体(包含国家和上海市规定的自然保护区及其他重点生态保护和建设区)	排入其他水域	—		—	
江苏	Ⅲ类水体(划定的饮用水源保护区除外)或二类海域,规模大于50 m³/d(含)	Ⅲ类水体(划定的饮用水源保护区除外)或二类海域,规模小于50 m³/d(含)	排入Ⅳ类、Ⅴ类水体和三类、四类海域,其他水环境功能未明确水域,规模大于50 m³/d(含)		其他水环境功能未明确水域,规模小于50 m³/d(不含)	农村生活污水处理设施处于水环境容量较小、生态环境脆弱,容易发生水环境污染问题而需要采取特别保护区措施的地区,应分受纳水体的环境功能和设施设计日处理能力,执行水污染物特别排放限值

续表

省（区、市）	一级标准		二级标准		三级标准	特别排放限值
	A	B	A	B		
浙江	排入Ⅱ类、Ⅲ类水体（划定的饮用水源保护区除外）、二类海域、湖泊水库等封闭或半封闭水域		其他环境功能及环境功能未明确水体		—	
福建	排入Ⅲ类水体（划定的饮用水源保护区除外）、二类海域、三类功能水域及湖泊等封闭水域或水库库容等封闭水域		排入Ⅳ类、Ⅴ类水体、四类海域、三类海域等环境功能未明确水体、规模 20 m^3/d(含)～500 m^3/d(含)		排入Ⅳ类、Ⅴ类水体、四类海域、村庄附近池塘等环境功能未明确水体、规模未明确小于 20 m^3/d(不含)	
山东	排入Ⅲ类水体、二类海域和其他未划定水环境功能区的水体、自然湿地、沟渠、以及三、四类海域、规模大于 50 m^3/d		排入Ⅲ类、Ⅳ类、Ⅴ类水环境功能区的水体和其他未划定水环境功能区、自然湿地、沟渠、以及三、四类海域、规模小于 50 m^3/d(不含)		—	
广东	排入环境功能明确的水体		排入环境功能未明确的水体、20 m^3/d(含)		排入环境功能未明确的水体、规模小于 20 m^3/d(不含)	农村生活污水处理设施位于水环境容量较小或者水环境功能重要、水环境质量未达到目标的地区，执行特别排放限值水污染物特别排放限值

续表

省(区,市)	一级标准		二级标准		三级标准	特别排放限值
	A	B	A	B		
海南	排入Ⅱ类、Ⅲ类水体(划定的饮用水源保护区和游泳区除外),二类海域、湖、库等封闭或半封闭水域		排入其他水环境功能明确的水体;排入水环境功能未明确的水体,规模大于5 m³/d(含)		排入环境功能未明确的水体,规模小于5 m³/d(不含);出水不排入水体,有明确回用对象但无相应的回用水质标准	
山西	排入Ⅱ类、Ⅲ类水体(划定的饮用水源保护区除外);湖泊水库等封闭或半封闭水域;排入Ⅳ类、Ⅴ类水体,规模大于100 m³/d(不含)		排入Ⅳ类、Ⅴ类水体,规模小于100 m³/d(含)		排入环境功能未明确的水体	排入具有饮用水源功能的湖库岸边范围内2 km范围内
吉林	排入Ⅱ类、Ⅲ类水体		排入Ⅳ类、Ⅴ类水体,规模50 m³/d(含)~500 m³/d(不含)		排入Ⅳ类、Ⅴ类水体,规模小于50 m³/d(不含);直接排入村庄附近池塘等环境功能未明确的水体;流经自然湿地等间接排入水体的	

续表

省(区、市)	一级标准		二级标准		三级标准	特别排放限值
	A	B	A	B		
黑龙江	直接排入Ⅱ类、Ⅲ类水体（划定饮用水源保护区和游泳区除外）		间接排入Ⅱ类、Ⅲ类水体（划定的饮用水源保护区和游泳区除外）；排入Ⅳ类、Ⅴ类水体，规模 30 m³/d(不含)~500 m³/d(含)		直接排入Ⅳ类、Ⅴ类水体，规模小于 30 m³/d(含)；间接排入Ⅳ类、Ⅴ类水体；直接排入环境功能未明确水体	
安徽	排入Ⅱ类、Ⅲ类水体（划定的饮用水源保护区除外），规模大于100 m³/d(含)	排入Ⅳ类、Ⅴ类水体，规模大于100 m³/d(含)；排入Ⅲ类水体（划定的饮用水源保护区除外），规模 5 m³/d(含)~100 m³/d(不含)	排入Ⅳ类、Ⅴ类水体和其他未划定水环境功能区的水域、沟渠、自然湿地，规模 5 m³/d(含)~100 m³/d(不含)			
江西	排入Ⅱ类、Ⅲ类水体，已列入国家名录具有重要用水功能的较好湖库等封闭或半封闭水体，规模大于5 m³/d(含)；排入环境功能未明确的水体，规模大于50 m³/d(含)		排入Ⅳ类、Ⅴ类水体，规模大于5 m³/d(含)；直接排入水体，规模大于5 m³/d(含)~50 m³/d(不含)		出水流经自然湿地等间接排入水体，规模 5 m³/d(含)~50 m³/d(不含)，规模小于5 m³/d(不含)	

续表

省（区、市）	一级标准 A	一级标准 B	二级标准 A	二级标准 B	三级标准	特别排放限值
河南		排入Ⅱ类、Ⅲ类水体，湖、库等封闭水域，规模大于 10 m³/d（不含）	排入Ⅳ类、Ⅴ类水体，水环境功能区未明确的池塘等封闭水体，规模大于 10 m³/d（不含）		排入沟渠、自然湿地和其他水环境功能未明确水体，规模小于 10 m³/d（含）	
湖北		规模 100 m³/d（含）～500 m³/d（不含）；排入Ⅱ类、Ⅲ类水体（划定的饮用水源保护区除外），规模 5 m³/d（含）～100 m³/d（不含）；处理设施位于Ⅱ类、Ⅲ类水体功能的湖泊保护区外间 500 m，Ⅱ类、Ⅲ类水体功能的江河岸线外缘 50 m 范围内	排入Ⅳ类、Ⅴ类水体或小微水体，规模 5 m³/d（含）～100 m³/d（不含）		规模小于 5 m³/d（不含）	
湖南		排入Ⅲ类水体（划定的饮用水源保护区和游泳区除外），规模 10 m³/d（含）～500 m³/d（不含）	排入Ⅲ类水体（划定的饮用水源保护区和游泳区除外），规模小于 10 m³/d（不含）；排入Ⅳ类、Ⅴ类水体，规模 10 m³/d（含）～500 m³/d（不含）		排入Ⅳ类、Ⅴ类水体，规模小于 10 m³/d（不含）；排入池塘等环境功能未明确的水体	
内蒙古		排入Ⅱ类、Ⅲ类水体，湖、库等封闭或半封闭水域	直接排入Ⅳ类、Ⅴ类水体；出水流经自然湿地等间接排入Ⅳ类、Ⅴ类水体；排入水功能未明确水体，规模大于 30 m³/d（含）		排入Ⅳ类、Ⅴ类水体；排入水功能未明确水体，规模小于 30 m³/d（含）	

省（区、市）	一级标准		二级标准		三级标准	特别排放限值
	A	B	A	B		
广西	排入Ⅲ类水体（划定的饮用水源保护区除外），二类海域（珍稀水产养殖区除外），规模大于5 m³/d（不含）	排入Ⅲ类水体（划定的饮用水源保护区除外），规模大于20 m³/d	排入Ⅲ类水体（划定的饮用水源保护区除外），三类、四类海域，其他未划定水环境功能区的水域、沟渠，池塘和自然塘等，规模大于5 m³/d（不含）	排入Ⅲ类水体（划定的饮用水源保护区除外），三类、四类海域，三类、四类海域的水域、沟渠，规模大于5 m³/d（不含）	排入Ⅳ类、Ⅴ类水体，三类、四类海域，其他未划定水环境功能区域、沟渠、池塘和自然塘等，规模小于5 m³/d（不含）	
重庆	排入Ⅱ类、Ⅲ类水体，规模500 m³/d（含）～500 m³/d（不含）	排入Ⅱ类、Ⅲ类水体，规模20 m³/d（不含）	排入Ⅳ类、Ⅴ类水体，规模20 m³/d（含）～500 m³/d（不含）；排入其他功能未明确水体，规模100 m³/d（含）～500 m³/d（不含）	排入Ⅳ类、Ⅴ类水体，规模20 m³/d（含）；规模100 m³/d	排入其他功能明确水体，规模20 m³/d（含）～100 m³/d（不含）	
四川	排入Ⅱ类、Ⅲ类水体，规模500 m³/d（含）～500 m³/d（不含）	排入Ⅱ类、Ⅲ类水体，规模20 m³/d（不含）	排入Ⅳ类、Ⅴ类水体，规模20 m³/d（含）～500 m³/d（不含）；排入其他功能未明确水体，规模100 m³/d（含）～500 m³/d（不含）	排入Ⅳ类、Ⅴ类水体，规模20 m³/d（含）；规模100 m³/d	排入其他功能未明确水体，规模20 m³/d（含）～100 m³/d（不含）	
贵州	排入Ⅲ类（划定的饮用水源保护区除外），Ⅳ类，Ⅴ类水体，规模大于10 m³/d（含）		排入Ⅲ类（划定的饮用水源保护区除外），Ⅳ类水体，规模小于10 m³/d（不含）；出水经沟渠、自然湿地等间接排入Ⅲ类（划定的饮用水源保护区除外），Ⅳ类、Ⅴ类水体或直接排入功能未明确水体，规模大于10 m³/d（含）	排入Ⅲ类（划定的饮用水源保护区除外），Ⅳ类、Ⅴ类水体，规模小于10 m³/d（不含）	直接排入功能明确水体，规模小于10 m³/d（不含）	

续表

省(区,市)	一级标准		二级标准		三级标准	特别排放限值
	A	B	A	B		
云南	直接排入湖泊等封闭或半封闭环境敏感区水域,规模大于 5 m³/d(含)	排入Ⅱ类、Ⅲ类水体,规模大于 5 m³/d(含)	排入Ⅳ类、Ⅴ类水体,规模大于 5 m³/d(含)		直接排入功能未明确水体,规模大于 5 m³/d(含);规模小于 5 m³/d(不含);间接排入水体	
西藏	排入Ⅲ类水体,规模 50 m³/d(含)~500 m³/d(不含)	排入Ⅱ类、Ⅲ类水体,规模大于 50 m³/d(含)	排入Ⅲ类水体,规模 5 m³/d(不含)~50 m³/d(含)~500 m³/d(不含)	排入Ⅳ类、Ⅴ类水体,规模大于 5 m³/d(含)	其他水体,规模 5 m³/d(含)~50 m³/d(不含);规模小于 5 m³/d(不含)	排入具有饮用水源功能的湖库岸边外延 2 km 范围内
陕西	排入Ⅱ类、Ⅲ类水体		排入Ⅳ类、Ⅴ类水体		排入水功能未明确水体	
甘肃	排入Ⅱ类、Ⅲ类水体;排入水功能未明确水体,规模 55 m³/d(含)~500 m³/d(不含)		流经自然湿地等间接排入水体;排入Ⅳ类、Ⅴ类水体;排入水功能未明确水体,规模 5 m³/d(含)~55 m³/d(不含)		排入水功能未明确水体,规模小于 5 m³/d(不含)。用于林地、草地灌溉执行 A,用于旱作农田灌溉执行 B	
青海	排入Ⅱ类、Ⅲ类水体(划定的饮用水源保护区、水源涵养区除外);排入水功能未明确水体,规模大于 100 m³/d(含)		排入Ⅱ类、Ⅲ类、Ⅴ类水体;排入水功能未明确水体,规模 20 m³/d(含)~100 m³/d(不含)		排入水功能未明确水体,规模小于 20 m³/d(不含)	

续表

省（区、市）	一级标准 A	一级标准 B	二级标准 A	二级标准 B	三级标准	特别排放限值
宁夏	排入Ⅱ类、Ⅲ类水体、规模大于50 m³/d（含）；排入Ⅳ类、Ⅴ类水体、规模300 m³/d（含）~500 m³/d（不含）		排入Ⅱ类、Ⅲ类水体、规模小于50 m³/d（不含）；排入Ⅳ类、Ⅴ类水体、规模50 m³/d（含）~300 m³/d（不含）；排入Ⅳ类、Ⅴ类水体的池塘等封闭水体、规模小于50 m³/d（不含）；排入水功能未明确水体、规模50 m³/d（含）~300 m³/d（不含）；排入水功能未明确水体的池塘等封闭水体、规模小于300 m³/d（不含）	排入Ⅳ类、Ⅴ类水体、规模小于50 m³/d（不含）；排入Ⅳ类、Ⅴ类水体、规模50 m³/d（含）~300 m³/d（不含）；排入水功能未明确水体的池塘等封闭水体、规模50 m³/d（含）~300 m³/d（不含）	排入Ⅳ类、Ⅴ类水体、规模小于50 m³/d（不含）；排入水功能未明确水体、规模小于50 m³/d（不含）	
新疆	排入Ⅲ类水体（划定的饮用水源保护区和游泳区除外）；排入Ⅳ类水体、规模大于100 m³/d（含）；排入封闭、半封闭水域及稀释能力较小的河、湖、库等环境功能未明确的小微水体		排入Ⅳ类水体、规模10 m³/d（含）~100 m³/d（不含）；排入Ⅴ类水体、规模大于100 m³/d（含）		排入Ⅳ类水体、规模小于10 m³/d（不含）；排入Ⅴ类水体、规模小于100 m³/d（不含）	

注：①Ⅱ类、Ⅲ类、Ⅳ类、Ⅴ类水体是指《地表水环境质量标准》（GB 3838—2002）所规定的水体；②二类、三类及四类海域是指《海水水质标准》（GB 3097—1997）所规定的海域；③"规模"指农村生活污水处理设施设计规模。

3.2.2.3　污染物控制指标

根据《农村生活污水处理设施水污染物排放控制规范编制工作指南(试行)》要求,控制指标至少应包括 pH 值、悬浮物(SS)和化学需氧量(COD_{Cr})三项基本指标,各地根据实际情况增加地方控制指标(表 3-5)。目前,多数省(区、市)污染物控制指标设置为 pH、悬浮物(SS)、化学需氧量(COD_{Cr})、氨氮(NH_3-N)、总氮(TN)、总磷(TP)、动植物油 7 项。此外,北京市的排放标准增加了五日生化需氧量(BOD_5)指标,河北省、江苏省、浙江省、山东省、海南省、安徽省、新疆维吾尔自治区的排放标准设有粪大肠菌群指标,上海市、江苏省和青海省的排放标准包含阴离子表面活性剂指标。

化学需氧量(COD_{Cr})和五日生化需氧量(BOD_5)二者均反映水体还原性物质含量的情况,且两项指标具有一定的相关性(王丽君 等,2019),农村生活污水成分简单,不含重金属等有毒有害物质,可生化性较强,鉴于五日生化需氧量(BOD_5)测定时间较长(5 d),不便于及时反映污水处理设施运行状况,而化学需氧量(COD_{Cr})属于国家重点控制污染物且监测便捷,因此,多数省(区、市)仅选取化学需氧量(COD_{Cr})作为控制指标,仅北京市将两者都作为控制指标。

氨氮(NH_3-N)、总氮(TN)、总磷(TP)是反映水体富营养化和衡量水质的重要指标,除西藏自治区对 TN 无要求外,其他省(区、市)都根据不同排水去向设置了这三项控制指标,其中,浙江、福建、山西、湖北、重庆、新疆等省份将 TN 或 TP 设置为选择性控制指标,当出水直接排入封闭水体或超标因子为氮、磷的不达标水体时增设。

除内蒙古外的其他省(区、市)都将动植物油作为控制指标,其中,浙江、福建、山西、湖北、重庆将其设置为选择性控制指标,对农家乐等油脂含量较高的餐饮废水排入的处理设施进行增设。各类餐饮服务的农村旅游项目及经营性的农家乐、牧家乐等生活污水中阴离子表面活性剂含量较高,上海、青海等将阴离子表面活性剂作为控制指标。粪大肠菌群指标是卫生学指标,需要增加消毒工艺才可以控制该项指标,目前仅有河北、浙江、山东、海南、安徽、新疆等设有该指标,随着 2020 年新冠肺炎疫情公共卫生事件的发生,今后应重视粪大肠菌群等卫生学指标。

表 3-5　各省(区、市)农村生活污水处理排放标准污染物控制指标比较

省(区、市)	pH	SS	BOD$_5$	COD$_{Cr}$	NH$_3$-N	TN	TP	动植物油	阴离子表面活性剂	粪大肠菌群	选择性控制指标
北京	√	√	√	√	√	√	√	√			
天津	√	√		√	√	√	√	√			
河北	√	√		√	√	√	√	√		√	
辽宁	√	√		√	√	√	√	√			
上海	√	√		√	√	√	√	√	√		
江苏	√	√		√	√	√	√	√			
浙江	√	√		√	√		√			√	TN、动植物油、粪大肠菌群
福建	√	√		√	√		√				TN、TP、动植物油
山东	√	√		√	√	√	√	√		√	
广东	√	√		√	√	√	√	√			
海南	√	√		√	√	√	√	√		√	
山西	√	√		√	√	√	√				TN、TP、动植物油
吉林	√	√		√	√	√	√	√			
黑龙江	√	√		√	√	√	√	√			
安徽	√	√		√	√	√	√	√		√	
江西	√	√		√	√	√	√	√			
河南	√	√		√	√		√				
湖北	√	√		√	√	√	√				TN、TP、动植物油
湖南	√	√		√	√	√	√				
内蒙古	√	√		√	√		√				
广西	√	√		√	√		√				
重庆	√	√		√	√	√	√	√			TN、动植物油

续表

省（区、市）	pH	SS	BOD₅	CODCr	NH₃-N	TN	TP	动植物油	阴离子表面活性剂	粪大肠菌群	选择性控制指标
四川	√	√		√	√	√	√	√			
贵州	√	√		√	√	√	√	√			
云南	√	√		√	√	√	√	√			
西藏	√	√		√	√	√	√	√			
陕西	√	√		√	√	√	√	√			
甘肃	√	√		√	√	√	√	√			
青海	√	√		√	√	√	√		√		
宁夏	√	√		√	√	√	√	√			
新疆	√	√		√	√	√		√		√	TP

3.2.2.4 指标限值

对比分析已发布的地方标准指标限值,北京(新改扩建设施)标准指标限值严于《城镇污水处理厂污染物排放标准》(GB 18918—2002);北京(现有设施)、天津、河北、山西等标准指标限值中,化学需氧量、悬浮物、氨氮、总氮、总磷等指标一级标准限值与《城镇污水处理厂污染物排放标准》(GB 18918—2002)一级 A 标准限值保持一致,二级和三级标准限制在《城镇污水处理厂污染物排放标准》(GB 18918—2002)相关标准基础上进一步加严;吉林、黑龙江等标准限制,与《城镇污水处理厂污染物排放标准》(GB 18918—2002)一级 B 至三级标准限值保持一致;辽宁、湖北、江西、广西、贵州、宁夏等标准限制,以《城镇污水处理厂污染物排放标准》(GB 18918—2002)一级 B 为最严标准,放宽了总氮、总磷等的指标限值。

(1)pH:各省(区、市)的标准限值均为 6~9。

(2)化学需氧量(CODCr):一级、二级、三级标准该指标限值范围分别为 30~60 mg/L、50~120 mg/L、80~200 mg/L;东部地区、中部地区、西部地区该指标限值范围分别为 30~120 mg/L、50~120 mg/L、60~200 mg/L(表 3-6)。

表 3-6　各省(区、市) COD_Cr 指标限值

省(区、市)	COD_Cr (mg/L)					
	一级 A	一级 B	二级 A	二级 B	三级 A	三级 B
北京(新改扩建设施)	30		50	60		100
北京(现有设施)	50		60			100
天津	50		60		/	
河北	50		60			100
辽宁	60		100			120
上海	50	60	/		/	
江苏	60		100			120
浙江	60		100		/	
福建	60		100	120	/	
山东	60		100		/	
广东	60		70			100
海南	60		80			120
山西	50		60			80
吉林	60		100			120
黑龙江	60		100			120
安徽	50	60	100		/	
江西	60		100			120
河南	60		80			100
湖北	60		100			120
湖南	60		100			120
内蒙古	60		100			120
广西	60		100			120
重庆	60		100			120
四川	60		80			100
贵州	60		100			120
云南	60		100			120
西藏	60		100			120
陕西	60		80			150
甘肃	60		100		120	200
青海	60		80			120
宁夏	60		100			120
新疆	60		60			100

（3）悬浮物（SS）：一级、二级、三级标准该指标限值范围分别为 10～30 mg/L、20～50 mg/L、30～100 mg/L；东部地区、中部地区、西部地区该指标限值范围分别为 10～60 mg/L、20～50 mg/L、15～100 mg/L（表 3-7）。

表 3-7　各省（区、市）SS 指标限值

省（区、市）	SS（mg/L）					
	一级 A	一级 B	二级 A	二级 B	三级 A	三级 B
北京（新改扩建设施）	15		20		30	
北京（现有设施）	20		20		30	
天津	20		20		/	
河北	10		20		30	
辽宁	20		30		50	
上海	10	20	/		/	
江苏	20		30		50	
浙江	20		30		/	
福建	20		30	50	/	
山东	20		30		/	
广东	20		30		50	
海南	20		30		60	
山西	20		30		50	
吉林	20		30		50	
黑龙江	20		30		50	
安徽	20	30	50		/	
江西	20		30		50	
河南	20		30		50	
湖北	20		30		50	
湖南	20		30		50	
内蒙古	20		30		50	
广西	20		30		50	
重庆	20		30		40	
四川	20		30		40	
贵州	20		30		50	

省(区、市)	SS(mg/L)					
	一级 A	一级 B	二级 A	二级 B	三级 A	三级 B
云南	20		30		50	
西藏	20		30		50	
陕西	20		20		30	
甘肃	20		30		50	100
青海	15		20		30	
宁夏	20		30		40	
新疆	20		25		30	

（4）氨氮（NH_3-N）：一级、二级、三级标准该指标限值范围分别为
$1.5\sim25$ mg/L、$5\sim30$ mg/L、$15\sim30$ mg/L；东部地区、中部地区、西部地区该
指标限值范围分别为 $1.5\sim30$ mg/L、$5\sim30$ mg/L、$8\sim30$ mg/L（表3-8）。部
分 NH_3-N 指标分括号内外两个限值，执行依据分为两种，一是按照时间，即
北京每年12月1日至次年3月31日执行括号内的排放限值，天津每年11月
1日至次年3月31日执行括号内的排放限值；二是按照水温，即水温≤12 ℃
时执行括号内的排放限值，按照该依据的有辽宁、江苏、福建、山东、广东、山
西、黑龙江、安徽、江西、河南、湖北、贵州、甘肃等。

表 3-8　各省(区、市)NH_3-N 指标限值

省(区、市)	氨氮(mg/L)					
	一级 A	一级 B	二级 A	二级 B	三级 A	三级 B
北京(新改扩建设施)	1.5(2.5)		5(8)	8(15)	25	
北京(现有设施)	5(8)		8(15)		25	
天津	5(8)		8(15)		/	
河北	5(8)		8(15)		15	
辽宁	8(15)		25(30)		25(30)	
上海	8	15	/		/	
江苏	8(15)		15		25	

续表

省(区、市)	氨氮(mg/L)					
	一级 A	一级 B	二级 A	二级 B	三级 A	三级 B
浙江	8(15)		25(15)		/	
福建	8		25(15)	25(15)	/	
山东	8(15)		15(20)		/	
广东	8(15)		15		25	
海南	8		20		25	
山西	5(8)		8(15)		15(20)	
吉林	8(15)		25(30)		25(30)	
黑龙江	8(15)		15		25(30)	
安徽	8(15)	15(25)	25(30)		/	
江西	8(15)		25(30)		25(30)	
河南	8(15)		15(20)		20(25)	
湖北	8(15)		8(15)		/	
湖南	8(15)		25(30)		25(30)	
内蒙古	8(15)		15		25(30)	
广西	8(15)		15		15(25)	
重庆	8		20(15)		25(15)	
四川	8(15)		15		25	
贵州	8(15)		15		25	
云南	8(15)		15(20)		15(20)	
西藏	15(20)		25(30)		25(30)	
陕西	15		15		/	
甘肃	8(15)		15(25)		25(30)	/
青海	8(10)		8(15)		10(15)	
宁夏	10(15)		15(20)		20(25)	
新疆	8(15)		8(15)		25(30)	

(5)总氮 TN:一级、二级、三级标准该指标限值范围分别为 15～30 mg/L、20～30 mg/L、30～35 mg/L;东部地区、中部地区、西部地区该指标限值范围分别为 15～30 mg/L、20～35 mg/L、20～30 mg/L(表 3-9)。

表 3-9　各省(区、市)TN 指标限值

省(区、市)	TN(mg/L)			
	一级 A	一级 B	二级 A	二级 B
北京(新改扩建设施)	15	20	/	
北京(现有设施)	20		/	
天津	20		/	
河北	15		20	
辽宁	20		/	
上海	15	25	/	
江苏	20	30	30	
浙江	20		/	
福建	20		/	
山东	20		/	
广东	20		/	
海南	20		/	
山西	20		30	
吉林	20		35	
黑龙江	20		35	
安徽	20	30	/	
江西	20		/	
河南	20		/	
湖北	20		25	
湖南	20		/	
内蒙古	20		/	
广西	20		/	
重庆	20		/	
四川	20		/	
贵州	20		30	
云南	20		/	
西藏	/		/	
陕西	20		/	
甘肃	20		/	
青海	20		/	
宁夏	20		30	
新疆	20		20	

（6）总磷 TP：一级、二级、三级标准该指标限值范围分别为 $0.3 \sim 3$ mg/L、
$0.5 \sim 3$ mg/L、$3 \sim 5$ mg/L；东部地区、中部地区、西部地区该指标限值范围分
别为 $0.3 \sim 3$ mg/L、$1.5 \sim 5$ mg/L、$1.5 \sim 5$ mg/L（表 3-10）。

表 3-10　各省(区、市)TP 指标限值

省(区、市)	TP(mg/L)			
	一级 A	一级 B	二级 A	二级 B
北京(新改扩建设施)	0.3	0.5	0.5	1
北京(现有设施)	0.5		1	
天津	1		2	
河北	0.5		1	
辽宁	2		3	
上海	1	2	/	
江苏	1	3	3	
浙江	2(1)		3(2)	
福建	1		3	/
山东	1.5		/	
广东	1		/	
海南	1		3	
山西	1.5		3	
吉林	1		3	
黑龙江	1		3	
安徽	1	3	/	
江西	1		3	
河南	1		2	
湖北	1		3	
湖南	1		3	
内蒙古	1.5		3	
广西	1.5		3	
重庆	2(1)		3(2)	
四川	1.5		3	
贵州	2		3	

省(区、市)	TP(mg/L)			
	一级A	一级B	二级A	二级B
云南	1		3	
西藏	2		3	
陕西	2		2	
甘肃	2		3	
青海	1.5		3	
宁夏	2		3	
新疆	/		/	

(7)动植物油:一级、二级、三级标准该指标限值范围分别为 0.5～5 mg/L、1～10 mg/L、5～20 mg/L;东部地区、中部地区、西部地区该指标限值范围分别为 0.5～20 mg/L、3～20 mg/L、3～20 mg/L(表3-11)。

表3-11 各省(区、市)动植物油指标限值

省(区、市)	动植物油(mg/L)					
	一级A	一级B	二级A	二级B	三级A	三级B
北京(新改扩建设施)	0.5		1	3		/
北京(现有设施)	1		3			/
天津	3		5			/
河北	1		3		5	
辽宁	3		5		10	
上海	1	3	/		/	
江苏	3	/	5		20	
浙江	3		5		/	
福建	3		5	5	/	
山东	5		10		/	
广东	3		5		5	
海南	3		5		20	
山西	3		5		10	
吉林	3		5		20	

续表

省(区、市)	动植物油(mg/L)					
	一级 A	一级 B	二级 A	二级 B	三级 A	三级 B
黑龙江	3		5		20	
安徽	3	5	5		/	
江西	3		5		/	
河南	3		5		5	
湖北	3		5		10	
湖南	3		5		5	
内蒙古	/		/		/	
广西	3		5		20	
重庆	3		5		10	
四川	3		5		10	
贵州	3		5		10	
云南	3		5		20	
西藏	3		5		20	
陕西	5		5		10	
甘肃	3		5		15	/
青海	3		5		15	
宁夏	3		5		10	
新疆	3		5		5	

(8)阴离子表面活性剂:仅上海、青海有该指标要求(表 3-12),一级标准该指标限值范围分别为 0.5～1 mg/L,二级、三级标准仅青海做了要求。

表 3-12　部分省(市)阴离子表面活性剂指标限值

省份	阴离子表面活性剂(mg/L)			
	一级 A	一级 B	二级	三级
上海	0.5	1	/	/
青海	1		2	5

(9)粪大肠菌数:仅河北、浙江、山东、安徽、新疆五个省(区)有该指标要

求（表3-13），河北一级标准该指标限值为1000 MPN/L，其余均为10000 MPN/L。

表3-13　部分省(区)粪大肠菌数指标限值

省份	粪大肠菌数(MPN/L)				
	一级A	一级B	二级A	二级B	三级
河北	1000		10000		10000
浙江	10000				
山东	10000	/	/		/
安徽	10000	/		/	/
新疆	10000			/	/

（10）五日生化需氧量（BOD_5）：仅北京有该指标要求（表3-14），一级、二级、三级标准该指标限值范围分别为6～10 mg/L、10～20 mg/L、30 mg/L。

表3-14　北京市 BOD_5 指标限制

省份	BOD_5(mg/L)					
	一级A	一级B	二级A	二级B	三级A	三级B
北京(新改扩建设施)	6		10	20	30	
北京(现有设施)	10		20		30	

　　总体上，东部地区地方标准中各指标限值严于中、西部地区，其中北京（新改扩建设施）指标限制最严；而西部地区由于地域面积大、人口较为分散、生态容量大，污染物控制指标限值比东、中部地区宽松，其中甘肃指标限制最为宽松。

　　通过对各省（区、市）已发布的农村生活污水处理排放标准中适用范围、分级情况、污染物控制指标选取及限值等的统计分析，发现地方排放标准在制定时存在以下问题：一是适用范围及分级分类不科学，如河北省、陕西省、重庆市标准中的适用范围分别为5～500 m³/d、50～500 m³/d、20～500 m³/d，对最低适用范围以下的处理设施未做明确要求；现有农村生活污水受纳水体功能未明确规定,导致标准在实际实施和监管中难以执行。二是指标限制区域差异化不明显,如内蒙古、辽宁、贵州、云南、四川等在自然条件、社会经济条件等方面存在明显差异的地区,指标选取及限值一致性过高,在实行时可能会出现适应性较差的问题。因此,后期在完善(修订)农村生活污水处理排放标准时,建议合理确定污水处理设施规模范围及分级分档标准,明确受纳水体功能区类别,因地制宜地选取污染物控制指标,在深入调查研究的基础上设置指标限值,进一步明确监测频次及采样方法等。

3.3　农村生活污水处理技术指南

3.3.1　制定情况

发达国家农村生活污水处理开展较早,相关技术指南或规范体系相对完善。美国农村生活污水处理主要参照《清洁水法》及美国国家环境保护局发布的《分散处理手册》和《分散处理系统管理指南》(黄文飞 等,2016)。英国农村生活污水处理主要适用《水资源法案》和《环境法案》。欧盟成员国自然和经济条件差异大,对农村生活污水处理和排放无统一硬性指标,各国结合污染综合防治指令和水政策行动框架并结合实际制定处理要求,如芬兰主要参照 2003 年的《排水管网以外地区生活污水处理政府法令》(沈哲 等,2013)。日本城市化起步相对较晚,但已逐步形成以《净化槽法》为核心的标准体系和政府主导的实施体系(夏玉立 等,2016),配套实施《净化槽法施行规则》《合并处理净化槽结构标准》和《净化槽构造标准及解说》,形成系统性的指引和规范体系(贾小梅 等,2019)。

为推进我国农村生活污水规范治理,2010 年开始,《农村生活污染控制技术规范》(HJ 574—2010)、《农村生活污水处理项目建设与投资指南》、《农村生活污水处理技术指南》(东北、华北、东南、中南、西南和西北)、《农村生活污水处理工程技术标准》(GB/T 51347—2019)、《农村厕所粪污无害化处理与资源化利用指南》等政策文件不断出台。以上技术规范、指南或标准初步构成了我国农村生活污水处理技术指南体系,为各地区农村生活污水处理提供规范性的指导。

我国地域跨度大,农村地区经济水平、自然条件、人口密度和村庄分布聚集度差异性较大(王夏晖 等,2014),国家层面的技术指南难以满足各地实际需求。自 2008 年起,上海、江苏等地率先出台农村生活污水处理技术指南。截至 2022 年底,全国已有上海、福建、浙江、河南、贵州、青海、江苏、广西、宁夏、辽宁、海南、河北、山西、湖南等 21 个省(区、市)出台技术指南(指引、导则或规范)等文件(表 3-15)。总体上,地方技术指南主要从适用范围、设计水量和水质、处理工艺及选择等方面提出农村生活污水处理具体要求,不同省份间指南框架略有差异,例如,青海针对农区和牧区提供差异化指导,宁夏对全区农村地区进行分区管理,辽宁、江苏等地更为重视污水治理后期监管和评估,福建、海南等地则增加工程实例以供参考和借鉴。

表 3-15　各地农村生活污水处理技术指南发布情况

地区	名称	发布时间
东北	《东北地区农村生活污水处理技术指南(试行)》	2010 年
华北	《华北地区农村生活污水处理技术指南(试行)》	2010 年
东南	《东南地区农村生活污水处理技术指南(试行)》	2010 年
中南	《中南地区农村生活污水处理技术指南(试行)》	2010 年
西南	《西南地区农村生活污水处理技术指南(试行)》	2010 年
西北	《西北地区农村生活污水处理技术指南(试行)》	2010 年
江苏	《江苏农村生活污水处理适用技术指南》	2008 年
上海	《上海市农村生活污水处理技术指南》	2008 年
福建	《福建省农村生活污水处理技术指南》	2011 年
宁夏	《宁夏农村生活污水处理技术指南》	2011 年
浙江	《浙江省农村生活污水处理技术规范》	2012 年
河南	《河南省农村环境综合整治生活污水处理适用技术指南(试行)》	2012 年

地区	名称	发布时间
贵州	《贵州省乡镇污水处理设施建设技术指南(试行)》	2013 年
广西	《广西农村生活污水处理技术指南(试行)》	2013 年
	《广西农村生活污水处理技术手册(试行)》	2022 年
青海	《青海省农牧区生活污水处理技术指南》	2015 年
吉林	《吉林省农村改厕和生活污水处理技术导则(试行)》	2016 年
山东	《山东农村生活污水处理技术规范》	2017 年
安徽	《安徽省农村生活污水治理技术指引(试行)》	2017 年
海南	《海南省农村污水处理技术指南》	2018 年
辽宁	《辽宁省农村生活污水处理技术指南(试行)》	2018 年
河北	《河北省农村生活污水处理技术导则(试行)》	2019 年
湖南	《湖南省农村生活污水治理技术指南(试行)》	2020 年
山西	《山西农村生活污水处理技术指南》	2020 年
云南	《云南省农村生活污水处理技术指南(试行)》	2020 年
江西	《江西省农村生活污水治理技术指南(试行)》	2021 年
新疆	《新疆农村生活污水处理技术规范》	2021 年

3.3.2　内容对比分析

3.3.2.1　设计水量与水质

基于自然条件、经济水平和给水排水设施差异,住建部发布的《农村生活污水技术指南》(以下简称《指南》)为不同地区污水设定了差异化参考值(表3-16)。在用水定额方面,东南地区整体最高,为 40～200 L/(人·d),中南、西南和华北地区次之,东北和西北整体最低,为 20～140 L/(人·d)。西南地区由于地跨云贵高原、横断山区和青藏高原,区域内气候条件和用水习惯差异大,其用水定额跨度较大。排水系数优先参照实地调查结果,若无调查数据则根据村庄卫生设施和排水系统完善程度确定。在用水和排水系统较完善的前提下,总用水量排水系数大致处于 0.6～0.9,洗浴和冲厕排水系数较高,可达 0.7～0.9。《指南》对进水水质和排放标准亦做出详细规定,各地区农

村生活污水处理技术指南中进水的 pH、悬浮物（SS）、化学需氧量（COD）、
五日生化需氧量（BOD_5）、氨氮（NH_3-N）、总磷（TP）、总氮（TN）水质参数见
表 3-16。由表可以看出，东北和华北地区农村生活污水进水水质污染物含
量高，中南地区污染物含量较低，其他地区并无明显差异。由于各地农村生
活污水排放标准发布滞后，《指南》中出水水质规定主要参考城镇污水排放
标准。

表 3-16　六大地区农村生活污水处理技术指南中进水水质参数

序号	地区	pH	SS(mg/L)	COD(mg/L)	BOD_5(mg/L)	NH_3-N(mg/L)	TP(mg/L)	TN(mg/L)
1	东北	6.5～8.0	150～200	200～450	200～300	20～90	2.0～6.5	—
2	华北	6.5～8.0	100～200	200～450	200～300	20～90	2.0～6.5	—
3	东南	6.5～8.5	100～200	150～450	70～300	20～50	1.5～6.0	—
4	中南	6.5～8.5	100～200	100～300	60～150	20～80	2.0～7.0	40～100
5	西南	6.5～8.0	150～200	150～400	100～150	20～50	2.0～6.0	—
6	西北	6.5～8.5	100～300	100～400	50～300	3～50	1.0～6.0	—

在污水特征方面，各地依据当地自然条件和供水设施完善程度提供用水
量参照值，浙江、福建、海南等南方地区用水量显著高于河北、河南和辽宁等
北方地区；青海牧区用水量较小，牧区用水量整体低于农区和半农半牧区；宁
夏沿黄灌溉区供水稳定且较为充足，而中部干旱风沙区和南部山区供水困
难，两者的平均用水量显著少于沿黄灌溉区。在排水系数方面，按照供水类
型、供排水设施和区域差异三种模式界定：①福建、湖南和海南等依据用水类
型给定不同排水系数，整体排水系数介于 0.6～0.9，洗浴和冲厕用水收集率
较高；②河北、河南、青海、山西和辽宁等依据给水排水设施建设程度进行划
分，污水管网和排水设施完善的地区污水收集率较高；③宁夏、广西等依据辖
区地理分区给定差异化排水系数，经济水平较高和取水条件优良的地区排水
系数较高。在进出水水质方面，各地对污染物指标侧重有所偏差，如河北、福
建、河南、广西和贵州等对 TN 不做要求，浙江和广西对 SS 未设明确指标，山

西和湖南对黑水和灰水(灰水指洗漱、洗衣、厨房污水等生活用水排水;黑水指人排泄物即厕所冲水和畜禽粪便水)提供差异化参照值,引导黑水、灰水分离的实现,提高资源利用率和处理效率,广西和宁夏依照地理分区给定不同污染物水平。

3.3.2.2 处理工艺推荐

在处理工艺方面,六大地区技术指南处理工艺及组合差异性不大。以华北地区为例,《指南》将处理模式分为散户处理和村落处理。散户处理主要采用化粪池/沼气池、预处理—生物接触氧化—二淀池、生物和生态处理组合、黑灰水分离处理等工艺及组合;村落处理则包括预处理—生物处理—二淀池、预处理—生态处理等工艺组合。上述处理以去除 COD 为主要目的;此外,为强化脱氮除磷,处理工艺可在以上处理工艺或组合基础上,考虑增加生态处理工艺,如人工湿地、土壤渗滤等。

各地依照"生态循环、利用优先、因地制宜、经济实用"等原则,并结合本地农村实际状况,推荐了合适的工艺或工艺组合。从已发布的省(区、市)技术指南来看,处理工艺及组合选择方式可分为处理模式和处理标准两大类。江苏、福建、河南和青海等地根据不同处理模式来选择处理工艺及组合,分散处理工艺包括化粪池、人工湿地和土地处理方式等,集中处理工艺包括生物处理工艺、生态处理工艺及组合工艺。上海在此基础上进一步细分,增加以庭院式人工湿地为核心的庭院处理和预处理—厌氧生物滤池—接触氧化池—沉淀池为主要流程的小型分散处理方式。河北、山西和辽宁等地依据不同处理标准来选择工艺及组合。河北、山西和湖南等地已出台农村生活污水排放标准,依据地方标准选定处理工艺及组合,随着排放要求的提高,强化A^2/O、活性污泥法、曝气生物滤池等高效率工艺被引入,大多为"预处理—生物处理—生态处理"的工艺组合;辽宁根据污水回用和水体排放的差异化排放去向确定排放标准,在此基础上选定推荐工艺及组合。

通过对 20 个省(区、市)技术指南(指引、导则或规范)中设计水量与水质、

处理工艺等的统计分析,发现以下问题:

一是部分省级农村生活污水处理技术指南有待制(修)订。截至 2021 年底,仍有北京、天津、黑龙江、四川等未出台省级层面的农村生活污水处理技术指南;已发布的省级技术指南中,部分地区由于发布时间较早、沿用城镇污水排放标准、指南落地性较差等因素,也有待进一步修订和完善。

二是部分省级技术指南中设计水量偏高。部分省级技术指南中设计用水量和排水系数过大或不够精细化,容易导致设计处理能力偏大,设施建成后污水收集率和正常运行率偏低。

三是农村生活污水处理技术(工艺)适应性较差。对农村生活污水处理,适应性是一个相对概念,对于经济发达、治理意愿高的地区,适应性较好;对于经济欠发达、治理意愿一般的地区,由于建设和运维资金短缺、管护要求偏高等因素,多数集中式处理技术装备适应性较差。

四是部分技术指南与农田灌溉、生态农业需求衔接不足。如上海、河南等制定技术指南较早的省(市),对尾水利用、农田回用、粪肥利用等方面考虑不足。

五是对设施建成后运行维护和监管要求不够详尽。如河南、贵州、上海等地方指南中未列专门条款说明;河北省规定较为原则性,对于运行主体及维护过程说明有待完善;辽宁、湖南和宁夏等侧重针对不同处理工艺运行维护及管理提供技术支撑;湖南、海南和江苏等地方指南中包含了较完善的运行维护规定,但各地方指南对资金来源规定都不够明确。在环境监管方面,辽宁、江苏和青海等给出了污水设施运行及处理效果的监测规定,包含监测主体、监测对象和监测频率;江苏则在此基础上进一步补充对规划设计、施工、运行维护和资料管理等环节的全方位监管要求。

针对上述问题,从完善体系、核准参数、强化运维等方面提出指南制定或修订的相关建议。一是未发布指南的地方加快制(修)订农村生活污水处理技术指南,须参照国家层面的技术指南,结合本省(区、市)农村实际状况,在充分调研和实地监测的前提下,依据"生态循环、利用优先、因地制宜、经济适用"等原则进行制定。同时,应明确对污水处理设施运行主体、资金渠道、运维监管等方面的规定,为农村提供系统性和完备性的指导。二是注重设计水量和水质的实地调研和监测,分区、分类提出不同情形下农牧民设计用水量、进水水质主要污染物含量等参数。三是强化设施运维长效机制建设,明确制定县级运维管理办法要求,确定各方职责、资金渠道、监管制度、奖惩机制等。

3.4　农村生活污水治理规划

3.4.1　制定情况

为贯彻落实《农村人居环境整治三年行动方案》《农业农村污染治理攻坚战行动计划》,生态环境部 2019 年印发了《县域农村生活污水治理专项规划编制指南(试行)》,要求推动县域农村生活污水治理统一规划、统一建设、统一运行、统一管理。2022 年 1 月,生态环境部、农业农村部等联合印发《农业农村污染治理攻坚战行动方案(2021—2025 年)》,明确要求 2022 年 6 月底前,将县域农村生活污水治理专项规划(以下简称"县域规划")向社会公开并按年度实施。

从省级层面来看,多数省份发布了农村生活污水治理规划或行动计划(方案)(表 3-17)。在规划方面,截至 2022 年底,海南、河南、广西、云南等已发布"十四五"时期农村生活污水治理规划。在行动方案方面,河北、辽宁、江苏、浙江、福建、山东等印发了农村生活污水治理相关行动方案(行动计划、工作方案)。此外,为加强农村生活污水治理,广东、湖南、内蒙古、宁夏等先后发布了农村生活污水治理实施意见。从县域层面来看,截至 2022 年 9 月底,全国各省(区、市)都已开展县域规划的编制,但部分省份县域农村生活污水治理规划印发率较低,如云南、宁夏印发率仅为 64.3%、77.3%。

表 3-17 部分省(区、市)农村生活污水治理规划(方案、意见)

省(区、市)	文件名称
规划	
海南	《海南省农村生活污水治理"十四五"专项规划》
河南	《河南省农村生活污水治理规划(2021—2025 年)》
广西	《广西农村生活污水治理"十四五"规划》
云南	《云南省"十四五"农村生活污水治理规划》
行动方案(行动计划)	
北京	《北京市进一步加快推进城乡水环境治理工作三年行动方案(2019 年 7 月—2022 年 6 月)》
天津	《关于农村生活污水处理工作方案(2017—2020 年)》
河北	《河北省农村生活污水治理工作方案(2021—2025 年)》
辽宁	《辽宁省农村生活污水治理三年行动方案(2021—2023 年)》
上海	《上海市农村生活污水治理提标增效行动方案(2021—2025 年)》
江苏	《江苏省农村生活污水治理提升行动方案》
浙江	《浙江省农村生活污水治理"强基增效双提标"行动方案(2021—2025 年)》
福建	《福建省农村生活污水提升治理五年行动计划(2021—2025 年)》
山东	《山东省农村生活污水治理行动方案》
吉林	《吉林省推进农村生活污水治理行动方案》
安徽	《支持安徽省农村生活污水治理项目工作方案》
江西	《江西省农村生活污水治理行动方案(2021—2025 年)》
湖北	《湖北省农村生活污水治理行动计划(2020—2022)》
四川	《四川省农村生活污水治理三年推进方案》
贵州	《贵州省农村生活污水治理三年行动计划(2021—2023 年)》
陕西	《陕西省农村生活污水治理推进方案》
甘肃	《甘肃省农村生活污水治理行动方案》
其他文件	
广东	《深化我省农村生活污水治理攻坚行动的指导意见》
山西	《关于开展农村生活污水治理工作的通知》
湖南	《湖南省农村生活污水治理专项规划指导意见》
内蒙古	《推进农村牧区生活污水治理的实施意见》
宁夏	《宁夏农村生活污水治理实施意见》

3.4.2　内容对比分析

从已发布的规划或方案内容来看,各省(区、市)均明确了农村生活污水治理的总体思路、主要目标、重点任务和保障措施等内容,在具体措施上也体现了不同省份间的差异性,具体情况如下。

(1)总体思路方面,体现了立足农村实际,以污水减量化、分类就地处理、循环利用为导向,加强统筹规划,突出重点区域,选择适宜模式,完善标准体系,强化管护机制。东部地区在巩固已有治理的基础上,同步开展提标改造;中西部地区聚焦重点区域,稳步推进农村生活污水治理,不断提升生活污水治理的生态化和资源化水平。

(2)主要目标方面,各省(区、市)对农村生活污水治理提出了量化目标,同时也根据省内情况提出了差异化目标要求。有的省份分区提出了治理目标,例如:江苏省提出"到 2025 年,苏南等有条件地区自然村生活污水治理率达到 90%,苏中、苏北地区行政村生活污水治理率达到 80%";有的省份提出了提标增效治理目标,如上海市提出"2025 年底完成提标增效任务,实现全市农村生活污水治理率不低于 90%、规划不保留村庄污水有效管控的目标"。

(3)重点任务方面,多数省份侧重于生活污水的生态化和资源化利用,例如:河北省强调"建立洗米、洗菜废水收集—冲厕等回用系统;鼓励将杂排水通过有效收集+过滤沉淀池、小型人工湿地、土壤渗滤等生态化处理,尾水回用于庭院绿化、景观及农田灌溉等模式";吉林省提出"鼓励通过栽植水生植物和建设植物隔离带,对农田沟渠、塘堰等灌排系统进行生态化改造"。农村生活污水治理率较高的上海、江苏、浙江等重点在于已建设施"回头看"及问题整改、老旧低标设施改造、农村生活污水治理数字化监管服务等任务内容。

(4)保障措施方面,主要包括加强组织领导、落实资金保障、强化科技支撑、强化监督考核、加强宣传培训等内容,其中,辽宁省提出充分发挥农村生活污水处理设施环境效益的保障措施,湖南省提出建设质量、运行管理等方面的保障措施。

3.5 农村生活污水处理设施运维管理办法

3.5.1 制定情况

健全的农村生活污水处理设施运行维护管理体系是保障农村生活污水处理设施持续正常运行、获得良好污水治理效果的重要保障。《水污染防治法》《农村人居环境整治三年行动方案》《农村人居环境整治提升五年行动方案(2021—2025年)》等文件中都强调加强农村生活污水处理设施的维护和管理的重要性,确保已建成使用的污水处理设施正常运行。目前,国家层面尚未制定专门文件对农村生活污水处理设施运行和维护提供规范性的指导。

不少省份为规范辖区内农村生活污水处理设施的运行维护管理,发布了农村生活污水处理设施运维管理相关的办法、导则和技术要求等(表3-18),如天津、辽宁、上海、浙江、山东、海南、山西、河南、湖北、广西、四川、云南等省(区、市)。其中,多数省(区、市)从总则、职责分工、运行维护要求、资金保障、监督考核、附则等方面提出了农村生活污水处理设施运行维护的具体要求。浙江省从2016年开始先后发布了10个农村生活污水处理设施运行维护相关政策文件,分别从第三方运维机构、管理职责、服务合同、费用指导价格、安全生产管理等方面提出了规范性要求,还针对生物滤池、人工湿地、管网等设施分别发布了运行维护导则。

表 3-18　部分省(区、市)农村生活污水处理设施运维文件汇总

省(区、市)	名称	印发时间
天津	《天津市农村生活污水处理设施运行维护管理办法》	2020 年
辽宁	《辽宁省农村污水处理设施运行维护管理办法(试行)》	2020 年
上海	《上海市农村生活污水处理设施运行维护管理办法(试行)》	2018 年
浙江	《浙江省农村生活污水治理设施第三方运维服务机构管理导则(试行)》	2016 年
	《浙江省县(市、区)农村生活污水治理设施运行维护管理导则(试行)》	2017 年
	《浙江省农村生活污水处理设施管理条例》	2019 年
	《农村生活污水生物滤池处理设施运行维护导则》	2019 年
	《农村生活污水人工湿地处理设施运行维护导则》	2019 年
	《农村生活污水管网维护导则》	2019 年
	《农村生活污水运维常见问题与处理导则》	2020 年
	《浙江省农村生活污水治理设施运行维护服务合同(示范文本)》	2020 年
	《浙江省农村生活污水处理设施运行维护费用指导价格指南(试行)》	2020 年
	《浙江省农村生活污水处理设施运行维护安全生产管理导则》	2020 年
山东	《山东省农村生活污水处理设施运行维护暂行管理办法》	2021 年
海南	《海南省农村生活污水处理设施运维管理技术要求(试行)》	2020 年
	《海南省农村生活污水处理设施运维状况评价方法(试行)》	2021 年
山西	《山西省农村生活污水处理设施运行管理办法(试行)》	2020 年
河南	《河南省农村生活污水处理设施运行维护管理办法(试行)》	2021 年
湖北	《湖北省农村生活污水处理设施运行维护管理办法(试行)》	2021 年
广西	《广西农村生活污水处理设施运行维护管理办法(试行)》	2020 年
四川	《四川省农村生活污水处理设施运行维护管理办法(试行)》	2021 年
云南	《云南省农村生活污水处理设施运行维护管理办法(试行)》	2021 年

3.5.2　内容对比分析

3.5.2.1　制定原则

多数省(区、市)以加快设施运行管理体系建设,着力提高农村生活污水处理设施的正常运行率、出水水质达标率等为运维管理的主要目标,结合当地实际,提出了相关管理办法等文件制定的主要原则,例如:辽宁省提出遵循"属地为主、因地制宜、注重时效、群众参与"的原则;上海市提出遵循"政府主

导、群众参与,条块结合、属地为主,因地制宜、注重实效"的原则;山东省提出坚持"政府主导、社会参与,因地制宜、合理布局,建管并重、注重实效"的原则;湖北省提出坚持"政府主导、市场运作、规划引领、厂网同步、建管一体、全面推进"的原则;广西、云南等省(区)提出坚持"政府主导、群众参与、属地为主、因地制宜、注重实效"原则。可以看出,多数省(区、市)都强调农村生活污水处理设施运维须形成以政府为主导、社会和群众共同参与的治理格局。

3.5.2.2 运维管理职责

中央农办、农业农村部、生态环境部等九部门联合印发的《关于推进农村生活污水治理的指导意见》(中农发〔2019〕14号)中提出了"省级党委和政府对本地区农村生活污水治理工作负总责,强化市县抓落实责任,乡镇党委和政府具体负责组织实施,村党组织做好宣传发动、日常监督等"的职责分工,对于农村生活污水处理设施运行维护管理,国家层面仍须进一步明确责任主体,明晰政府、村级组织、村民、运行维护单位的职责,为各地运行维护工作中规范性管理提供依据。目前多数省(区、市)在职责分工中明确了以县(市、区)人民政府为责任主体,并提出了县级政府、乡镇政府(街道办事处)、村级组织、农户、运行维护单位等的相关职责(表3-19)。

表 3-19　部分省(区、市)农村生活污水处理设施运维管理体系与模式

省(区、市)	管理体系
辽宁	县(市、区)人民政府—乡镇—村级组织—农户—运行维护单位
上海	区人民政府—乡镇—村级组织—农户—运行维护单位
浙江	县(市、区)人民政府—乡镇—村级组织—农户—运行维护单位
山东	县(市、区)人民政府—乡镇—村级组织—农户—运行维护单位
山西	县(市、区)人民政府—乡镇—村级组织—农户—运行维护单位
河南	县(市、区)人民政府—乡镇—村级组织—农户—运行维护单位
湖北	县(市、区)人民政府—乡镇—村级组织—运行维护单位
广西	县(市、区)人民政府—乡镇—村级组织—农户—运行维护单位
四川	县(市、区)人民政府
云南	县(市、区)人民政府—乡镇—村级组织—农户—运行维护单位

3.5.2.3　运维内容及要求

多数省(区、市)明确了农村生活污水处理设施运维管理模式、运维范围及内容以及相关要求。

运维管理模式方面,包括委托专业运行维护单位模式、专业运行维护单位和村日常管理相结合模式、乡镇政府(街道办事处)或村级组织自行运维模式等。辽宁、浙江、山东、福建、山西、河南、广西、四川、云南等明确可采用委托专业运行维护单位和乡镇政府(街道办事处)或村级组织自行运维两种模式(表3-20)。其中,广西、云南等要求对于规模较大、工艺复杂、运行维护要求较高的污水处理设施,应委托具有相应能力的第三方专业机构作为运行维护单位,对于规模较小、工艺简单、操作简便、运行维护要求较低的污水处理设施,可由乡镇政府(街道办事处)或村级组织自行运维管理。湖北省提出在上述两种运维模式基础上,还可采用专业运行维护单位和村日常管理相结合模式,即终端设施委托第三方专业机构管理,污水收集管网系统由村级组织进行日常管理。上海市采用了委托专业运行维护单位模式,并要求乡镇人民政府根据农村生活污水处理设施服务规模、工艺类型和实际情况等,通过政府采购服务的方式,确定农村生活污水处理设施运行维护单位。福建省提出根据村庄所在区域环境敏感程度及污水产生量分级分类开展农村生活污水处理设施运维,对于一般运维要求宜第三方机构运维,有条件的村镇可自行运维,对于标准化运维要求应委托专业运行维护单位模式。河南省、山东省、四川省、云南省等部分省份为规范委托第三方专业机构程序,提出相关管理要求,如应签订运维服务合同,且合同中应明确双方名称、运行维护服务范围、安全生产管理职责、期限及服务内容,以及运行维护费用、违约责任等条款。

表 3-20　部分省(区、市)农村生活污水处理设施运维管理体系与模式

省(区、市)	运维模式
辽宁	委托专业运行维护单位模式;乡镇政府(街道办事处)自行运维模式
上海	委托专业运行维护单位模式
浙江	委托专业运行维护单位模式;村级组织自行运维模式
山东	委托专业运行维护单位模式;乡镇政府(街道办事处)自行运维模式
福建	委托专业运行维护单位模式;乡镇政府(街道办事处)或村级组织自行运维模式
山西	委托专业运行维护单位模式;乡镇政府(街道办事处)或村级组织自行运维模式
河南	委托专业运行维护单位模式;乡镇政府(街道办事处)自行运维模式
湖北	委托专业运行维护单位模式;专业运行维护单位和村日常管理相结合;自行运行维护管理模式
广西	委托专业运行维护单位模式;乡镇政府(街道办事处)或村级组织自行运维模式
四川	委托专业运行维护单位模式;乡镇政府(街道办事处)或村级组织自行运维模式
云南	委托专业运行维护单位模式;乡镇政府(街道办事处)或村级组织自行运维模式

运维范围及内容方面,辽宁、上海、浙江等省(市)在农村生活污水处理设施运维范围及内容上做出了详细规定,具有较强的可操作性。如浙江省、湖北省等将农村生活污水处理设施运维范围分为户内设施、管网设施、终端设施,其中户内设施主要包括接户管、清扫井、化粪池、隔油池等;管网设施包括接户井、检查井、管网、提升泵站等,终端设施包括预处理单元、生物处理、生态处理、出水水质、排放井、智慧运维平台等;运维内容包括构筑物的全面检查、发现故障(损坏)及时维修更换、清理和处置污泥等。

运维相关要求方面,涉及人员配置、设施水质监测、档案(台账)管理以及监督考核等具体要求。在人员配置要求上,少数省份明确了运维人员配置情况,例如:福建省明确提出根据区域村庄人口规模,按 1 人/1000 户标准,配备运维服务人员;广西、辽宁等省(区)提出要对运行管理人员开展培训。在设施水质监测要求上,多数省份提出定期对设施进出水水质、水量等进行监测,少数省份对监测频次、监测项目提出更详细规定,如辽宁省按照处理规模提出规模大于 10 m³/d 的农村生活污水处理设施每半年至少监测一次,规模小

于 10 m³/d 的设施采取抽查方式;四川省要求规模 20~500 m³/d 的设施,必测项目为化学需氧量(COD_Cr)和氨氮,规模大于 500 m³/d 以上的设施,按照排污许可要求开展监测。档案(台账)管理要求上,多数省份提出运维单位要建立运维管理台账制度,如四川省、上海市、山东省、福建省等,并明确台账内容应包括日常运维管理记录(含巡查、范围、设施运行、电量电费情况等),进出水水量、水质监测记录,重大故障、严重问题报告及处理结果记录等。监督考核要求上,多数省份明确了各级生态环境部门在农村生活污水处理设施运维管理方面监督考核的要求,如辽宁、湖北、山西、河南、山东、四川、广西等省(区)明确要将设施运维管理情况的监督检查纳入日常管理工作,且辽宁、湖北、山西、广西等省(区)提出运维主管部门对委托第三方专业机构作为运行维护单位的农村生活污水处理设施运行维护管理情况进行考核,考核结果作为拨付运行维护经费的重要依据。

3.5.2.4　运维资金保障

多数省(区、市)采取加大财力投入、探索农户缴费等方面措施,明确农村生活污水处理设施的资金来源和渠道,切实保障设施正常稳定运行。加大财力投入方面,多数省份提出将农村生活污水处理设施运行所需经费纳入本级财政预算以及建立多元运行维护资金投入机制等资金保障措施,少数省份提出奖补制度,例如:辽宁省明确通过市级专项资金、省河流断面水质污染补偿资金等渠道对运行状态良好、财政困难地区进行补助;山西省提出省、市财政视财力状况,并结合农村生活污水处理设施运行年度考核结果,给予适当奖补。探索农户缴费制度方面,多数省份从合理确定缴费水平和标准方面提出要求,少数省份进一步明确了农户缴费制度推行方式,如四川省提出探索随自来水费征收污水处理费、农村集体经济组织付费、村(居)民约定付费等机制。

通过对已发布的农村生活污水处理设施运维管理相关文件中制定原则、管理职责及模式、运维管理内容、运维资金保障等的统计分析,发现以下问题：一是政策制定方面，国家层面及大部分省（区、市）尚未制定专门的农村生活污水处理设施运行维护管理相关的办法、导则和技术要求等；除浙江省连续发布了 10 个农村生活污水处理设施运维管理相关文件外，其余省份在管网维护、技术设备、费用指导等方面规范性文件较为缺乏。二是运维管理职责方面，部分省份在维护管理相关文件中未清晰界定县级政府、乡镇政府（街道办事处）、村级组织、农户、运行维护单位等的职责；由于农村户用污水收集系统和公共污水收集系统权属不同，在运行维护责任划分上有一定难度。三是运维资金保障方面，虽然部分省份在运维管理相关文件中明确了探索建立政府扶持、群众自筹、社会参与等的多元运维资金筹措机制，但由于农村生活污水处理设施建设周期长、成本高、回报少，吸引社会资本参与的积极性不高。

因此，针对上述问题，提出以下建议：一是加快制定农村生活污水处理设施运行维护管理相关文件，国家和各省（区、市）应加快研究制定农村生活污水处理设施运行维护、全过程管理等方面相关的规范性文件，保障建设、运维、管理全过程有法可依。二是明确运维管理的责任主体和相关职责，在相关文件中明确县级政府、乡镇政府（街道办事处）、村级组织、农户、运行维护单位等的具体职责，加强衔接，不留空白，使设施管理有力，运维规范到位。对于户用和公共污水收集系统运维责任划分问题，可以借鉴浙江省的做法，通过建设接户井、检查井的方式衔接户内、公共污水收集系统，户内由农户来清理，公共污水管网由运维单位承担维护责任。三是加大资金保障措施，创新农村生活污水治理投融资方式，吸纳社会力量积极参与；可借鉴四川省做法，探索建立随自来水费征收污水处理费、农村集体经济组织付费、村（居）民约定付费等机制。

第4章 典型农村生活污水治理案例与启示

　　随着全国农村生活污水治理工作的深入推进,各地涌现出一批农村生活污水治理的典型案例和经验做法,既有集中处理和分散处理的典型案例,也有以县为单元采取城乡一体化、建管一体化等市场化治理案例,为其他地区全面推进农村生活污水治理提供了参考和借鉴。

4.1 治理模式案例

　　该部分案例主要介绍了集中处理、分散处理、资源化利用三种模式。其中,对距城镇较远、人口密集、污水排放相对集中且不具备利用条件的村庄,可采用集中处理实现达标排放的模式;对人口较少的偏远村庄和分散的农户,采用单户或几户的污水就近处理的模式;资源化利用模式是指农村生活污水经无害化处理后,用于不同用途的过程,如草场、林地、农田污水回用,生态沟渠(水塘)、生态缓冲带、湿地系统消纳处理,房前屋后"小菜园、小果园、小花园"浇施等。

4.1.1 集中处理模式

(1)湖南省衡阳县演陂镇德胜村①

德胜村位于湖南省衡阳市衡阳县演陂镇西北部,地处衡邵干旱走廊上段

---

① 案例由湖南省衡阳市生态环境局衡阳县分局提供。

地区,距县城 13 km。属亚热带季风气候,温暖湿润,年降水量 1452 mm,年平均气温 17.9℃左右。农户居住相对集中,供排水设施完善,基本实现集中供水,村内建有污水收集管网,但尚未实现雨污分流。该村厕所基本为水冲厕,污水处理设施覆盖农户 80 户、约 300 人。

该村污水处理设施采用"沉淀+水解酸化+人工湿地"处理工艺,设计处理规模为 30 t/d,实际处理规模 25 t/d。农户生活污水经管网集中收集后进入沉淀池,经过初步厌氧发酵和沉淀,出水排放至水解酸化池,通过微生物将大分子有机物降解为小分子物质,污水流入人工湿地,人工湿地中的植物和填料对污水中的污染物进行吸收、过滤和分解,好氧微生物通过呼吸作用,将废水中的大部分有机物分解成为二氧化碳和水,厌氧细菌将有机物质分解成二氧化碳和甲烷,硝化细菌将铵盐硝化,反硝化细菌将硝态氮还原成氮气。人工湿地排水进行农田灌溉回用。出水水质达到《农田灌溉水质标准》(GB 5084—2005)。污水处理工艺流程如图 4-1 所示。

图 4-1 "沉淀+水解酸化+人工湿地"处理工艺流程图

该村污水处理项目总投资为 78.59 万元,其中污水处理设施投资 35.98 万元,管网投资 42.61 万元。该工艺实行全自流免维护控制,运行成本较低。污水处理设施建成并稳定运行后移交村级组织管理。该技术具有工艺简单、建设运维成本低、具有一定的生态景观价值等优点,但也有占地面积大、易受病虫害和气温影响、人工湿地须定期进行植物收割与处理等缺点。该工艺适用于有较大闲置土地、经济欠发达的地区。

(2)山东省日照市高兴镇安家湖村①

安家湖村地处日照市岚山区北部,东邻日照经济技术开发区奎山街道,

---

① 案例由山东省生态环境厅提供。

南与东港区涛雒镇接壤,西与巨峰镇接壤,北依日照市区,占地约 1.5 km²。属暖温带湿润季风气候,四季分明,冬无严寒,夏无酷暑,年均气温 13.2℃。该村常住人口约 300 人,居住较为集中,基本实现集中供水,已铺设污水管网,并完成水冲式厕所改造。

该村污水处理设施采用预处理＋接触氧化集中处理工艺,设计规模为 10 m³/d,夏季实际处理水量为 9 m³/d。冬季实际处理水量为 6 m³/d。农户生活污水经管网集中收集后,进入沉淀池,进行沉降分离,经过格栅进一步过滤,过滤后的生活污水进入厌氧折流板反应器,厌氧微生物对有机物进一步分解,出水再进入好氧池,通过好氧微生物作用处理。出水执行《城镇污水处理厂污染物排放标准》一级 A 标准,用于冲厕、绿化、补充地下水、景观用水等。污水处理工艺流程如图 4-2 所示。

图 4-2　预处理＋接触氧化集中处理工艺流程图

该村污水处理项目总投资 130.2 万元,其中,终端建设投资 10.2 万元,包括土建费用 3.2 万元、安装费用 1 万元、设备费用 6 万元;污水管网 3.1 km,投资 120 万元。该污水处理设施具有工艺简单、费用低廉、运行稳定、出水能持续达标等优点,但也有需要定期更换填料、后期运行维护费用较高等不足,适用于用地紧张且出水要求较高(有除磷要求)、经济水平较好的村庄。

(3)广东省广州市万顷沙镇红港村①

红港村位于南沙区南侧,常住人口约 400 人。村庄农户居住集中,沿河涌分布,属于典型的河网密布地区水上村。海洋性气候特征显著,年平均气温在 21.5～22.2℃。红港村距离镇区和城市建成区较远,不属于镇级污水处理

————————
① 案例由广东省生态环境厅提供。

厂覆盖内。全村供排水设施完善,已建设污水收集管网,基本实现黑水和灰水应接尽接。

该村在实施治理工程时因地制宜采用集中处理模式,采用 A^2O 处理工艺,设计处理规模为 50 t/d。污水经管网集中收集后,先经格栅拦截大块物质后进入调节池。调节池出水通过泵提升至 A^2O 一体化处理设备,出水首先流入厌氧池,通过厌氧微生物降解部分有机物质,再进入缺氧池,池中的反硝化细菌以污水中未分解的含碳有机物为碳源,将好氧池内通过内循环回流进来的硝酸根还原为 N_2 而释放,出水再排入好氧池,利用好氧微生物(包括兼性微生物)在有氧气存在的条件下进行生物代谢以降解有机物,水中的氨氮进行硝化反应生成硝酸根,同时水中微生物吸收磷,经沉淀分离后以富磷污泥的形式从水中排出。出水自流入二沉池进行沉淀,二沉池后出水达标排放。二沉池内沉淀的污泥部分回流至好氧池,剩余污泥则外排入污泥干化池干化处理。设计出水水质执行《农村生活污水处理排放标准》(DB44/2208—2019)的一级标准。一体化设备结构图如图4-3所示。

该村污水处理项目总投资1022.12万元,其中污水处理设施投资127.76万元。该工艺具有处理效果较好、水质和水量变化适应性强、运行效果稳定等优点,但需要设置污泥回流和硝化液回流管道,产生的剩余污泥需要定期清理,生化反应池须设置曝气,耗能大,运行费用高。该工艺适用于出水水质要求高、污水处理规模较大、经济条件较好的村庄。

(4)西藏自治区日喀则市仁布县年拉村①

年拉村是康雄乡政府所在地,属于易地扶贫搬迁点,海拔4100 m,属于半农半牧区,常住人口520人,目前已完成集中供水工作,厕所主要以使用旱厕为主。该村地势平坦,属南温带半干旱高原季风区,冬、春两季多风沙,冬长夏短,日温差大,气候复杂多样、自然灾害频繁,年均降水量461.1 mm。处理

———————
① 案例由西藏自治区生态环境厅提供。

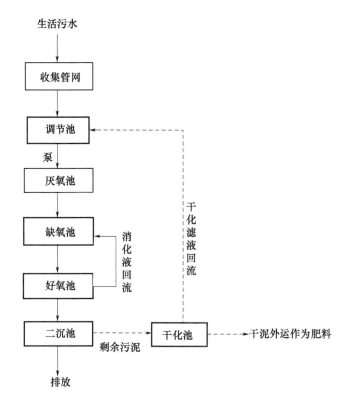

图 4-3　A²O 处理工艺流程图

设施主要处理村民、乡政府、卫生院以及学校的生活灰水。污水收集管网尚未实现雨污分流。

该村污水处理设施设计规模为 90 t/d,采用 AO 集中处理工艺,污水先进入调节池,当设施检修、停电等情况出现时,生活污水排入应急池储存,待设施正常运行时,经污水提升泵提升至调节池。调节池出水通过泵提升到厌氧池工艺,通过厌氧微生物降解部分有机物质,出水再进入好氧池,在风机曝气充氧作用下,通过好氧微生物作用处理。出水自流入二沉池进行沉淀,二沉池后出水达标排放。设计出水水质执行《农村生活污水处理设施水污染物排放标准》(DB54/T 0182—2019)二级标准。污水处理工艺流程如图 4-4 所示。

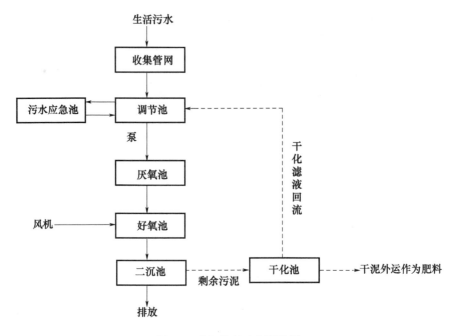

图 4-4 AO 处理工艺流程图

该村污水处理项目总投资 180 万元,吨水投资成本约 2 万元;每天用电约 88.77 度,用电单价 0.73 元/度,每天使用电费约 64.80 元。该村污水处理工艺具有对水质、水量变化适应能力强、占地面积小、处理效果稳定而优良等优点。其缺点是需要动力能耗和对后期运行管理有一定要求。冬季温度较低,处理构筑物应考虑防冻措施。该工艺适用于没有可利用的土地或者可利用的土地极少且对出水水质要求较高,实现了污水集中收集的村庄。

4.1.2 分散处理模式

(1)河北省承德市双峰寺镇下南山村[①]

双峰寺镇地处双桥区东北部,东与承德县仓子乡相邻,南、西与狮子沟镇毗邻,北与承德县高寺台镇接壤,区域面积 128.49 km²,常住人口 2.5 万。该

---

① 案例由承德市人民政府提供。

镇处于暖温带向中温带过渡地带,属于温带半湿润半干旱大陆性季风型山地气候,冬季寒冷干燥,夏季清凉多雨,年均气温 8.9℃,年均降水量 560 mm。下南山村位于双峰寺水库附近,村内 105 处农户居住分散,生活污水难以集中收集处理。

为了改善村民的生活环境,承德市双桥区委、区政府启动双峰寺区域污水分支管网建设工程,以下南山村为试点,新建污水管网 1700 m。采用太阳能微动力地埋式一体化污水处理设施处理农户污水,处理规模主要为 1 t/d。该处理设施主要是由进水格栅井、缺氧池、厌氧池、接触氧化池、沉淀池等部分组成,使用太阳能微动力技术去除生活污水中的悬浮物、磷、氨氮及金属离子。出水达标排放至院前农田。污水处理工艺流程如图 4-5 所示。

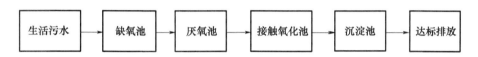

图 4-5   太阳能微动力污水处理工艺流程图

该村污水处理设施建设成本约 2 万元/台,利用太阳能光伏板将太阳能转化为处理污水用的电能,基本无运行维护费用。处理后的尾水可以用来浇菜园,沉淀后的有机质底泥可以当有机肥,污水变废为宝,实现了循环再利用。该村污水处理工艺具有基建投资少、运行成本低、维护操作简单、占地面积小等优点,但长时间的阴雨天气可能会影响太阳能供能,进而影响对污水的处理效果。该处理工艺适用于居住分散、用地紧张的农村地区。

(2)湖南省长沙市长沙县[①]

长沙县位于湖南省东部偏北,湘江下游东岸,长沙市近郊,处于长株潭"两型社会"综合配套改革试验区的核心地带,是全国 18 个改革开放典型地区之一。总面积 1756 km[2],下辖 13 个镇、5 个街道,常住人口 137 万。属大陆性

---

① 案例由长沙市生态环境局提供。

季风湿润气候,四季分明,寒冷期短,炎热期长,年均气温 17.6℃,年均降水量 1473 mm。县内大部分村庄聚集度较低,农户居住分散,污水集中收集难度较大。

长沙县遵循"分散收集、分散处理、就近排放"的原则,主要采取"三格净化池＋小型人工湿地"工艺处理(即四池净化池)家庭散户生活污水。根据相关数据统计,全县已建成 4 万个四池净化池,已治理 126 个村(社区)的生活污水。农户家的生活污水首先进入收集池,沉淀比重较大的固体物及寄生虫卵,并进行初步发酵分解,经过初步分解的粪液流入厌氧发酵池进一步发酵分解后进入沉淀池,最后出水再进入人工湿地系统,进一步充分去除污水里的有机物、微量元素、病原体等。污水处理工艺流程如图 4-6 所示。

图 4-6　四池净化池工艺流程图

该污水处理设施成本约 3500 元/套,主要采用地理自然落差布水,系统运行无动力消耗。该污水处理工艺基建投资、运行成本、维护要求均较低,适合单户家庭的生活污水处理;四池净化池工艺较成熟,运行及处理效果稳定;占地面积较小,使用寿命长,但冬季温度较低,对人工湿地处理效果产生一定影响。该工艺适用于有较大闲置土地、气候较为适宜的地区。

(3)江西省萍乡市上栗镇①

上栗镇是上栗县政治、经济、文化中心,东邻鸡冠山乡,南靠金山镇,北接杨岐、长平乡,西与湖南省浏阳、醴陵接壤。全镇总面积 58.9 km²,下辖 18 个行政村、5 个社区,常住人口 8 万多人。属亚热带湿润季风气候,光热充足,雨量充沛,年均气温 18℃,年均降雨量 1552 mm。镇内"泉之源"田园综合

---

① 案例由上栗镇人民政府提供。

体项目区 57 户居民居住分散,生活污水未经处理直接排放,泉塘湖库区水质较差。

为改善库区水环境质量,上栗县、上栗镇投入专项资金,引进专业环保科技公司,通过调查研究,将项目区划分成 22 个处理单元,按照"就近接户＋局域组网＋小型一体化处理终端"方式,在处理单元的房前屋后及排污沟渠设置调节池,铺设排水管道 980 m,新建 22 座小型化污水处理设备,污水首先进入厌氧池,污水中的有机物被厌氧细菌分解,接着流入缺氧池,有机物被进一步分解,同时污水中的氨、氮、磷得到去除,随后流入接触氧化池与氧化细菌充分接触后达标排放。污水处理工艺流程如图 4-7 所示。

图 4-7 上栗镇污水处理工艺流程图

该污水处理设施平均占地面积小于 1.5 m²,日均耗电量小于 1 度,具有占地面积小、处理成本低、后期运维方便等优点,但"局域组网"的方式一定程度增加了管网建设的投资成本。该处理工艺适用于用地紧张的农村地区。

(4)广西壮族自治区玉林市福绵镇十丈村①

十丈村东南距福绵镇人民政府近 6 km,位于推来岭西面、中坡东面、上地村北,辖 4 个自然村(十丈、大里、唐屋、竹兜),常住人口约 3000 人。属亚热带季风气候,光热充足,年均气温 21℃,年均降水量 1680 mm。该村耕地面积1973 亩②,经济以农业为主,主种水稻、红菇、木菇、瓜菜等。该村农户居住分散,生活污水产生量较大,难以统一收集处理。

该村采用"黑白灰分流＋庭院小湿地＋氧化塘"处理技术进行农户生活污水治理,出水可满足《农田灌溉水质标准》(GB 5084—2005)的旱地标准。

---

① 案例由广西壮族自治区农业农村厅提供。

② 1 亩＝1/15 hm²,余同。

污水处理采用黑、白、灰水分流处理理念(白水指雨水、地表水、村道水沟、山泉水、水塘等),黑水排入农户化粪池发酵后储存于收集池用于农作物施肥,灰水流经沉砂井和过滤池后排入人工湿地,白水通过排水沟直接排入池塘。污水处理工艺流程如图 4-8 所示。

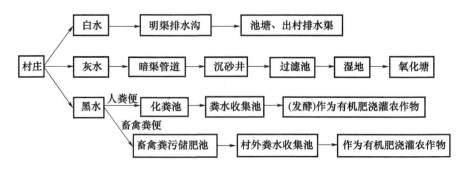

图 4-8 "黑白灰分流+庭院小湿地+氧化塘"处理工艺流程图

该村污水处理设施建设总投资约 30 万元。黑水经化粪池发酵后流入收集池后,可作为有机肥进行出售,约 180 元/车,运输费用约 20 元/车,可实现创收 160 元/车。该技术具有投资成本低、处理效果好、管理维护简单等优点。

4.1.3 资源化利用模式

(1)淄博市临淄区朱台镇西单村[①]

西单村位于临淄区的西北部,土地广阔平坦,质地良好,地势南高北低,村庄类型属于典型的平原村落。地处暖温带,大陆性季风气候区,年均降水量 640 mm,属半湿润半干旱气候,年均气温 12.3~13.1℃,气候变化具有明显的季节性。全村共有常驻户数 330 户,常住人口 1220 人,居住聚集程度高,基本无流动人口,耕地面积 1512 亩、蔬菜大棚 160 亩、藕池 50 亩。

---

① 案例由山东省生态环境厅提供。

西单村污水处理项目历经两个建设阶段:第一阶段:2019 年 10—12 月,设计处理量 50 m³/d,实际处理量 40 m³/d,同年 12 月投入运行;第二阶段:2020 年 10—12 月,2020 年 10 月利用雨污立体分流、高负荷地下渗滤污水处理复合技术进行工艺改造,同年 12 月投入运行。

该项目采用高负荷地下渗滤污水处理复合技术污水处理工艺(图 4-9),该技术工艺的高负荷地下渗滤单元是技术的核心所在。污水经过沉淀预处理后进入水量调节池,然后通过提升泵投配到高负荷地下渗滤单元,使污水在人工滤料中横向运移和竖向渗滤,其中的污染物被不同功能结构层的滤料拦截、吸附,并最终通过微生物分解转化。

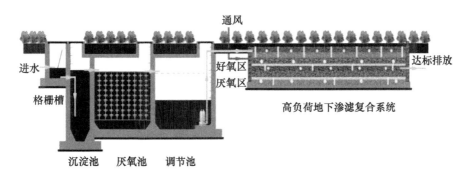

图 4-9　高负荷地下渗滤污水处理复合技术工艺流程图

西单村厕所粪污直接进入化粪池进行收集,使用塑料三格化粪池处理粪污,定期对化粪池的黑水进行集中清运并回用作农家肥。厨房、洗浴等产生的灰水汇入各户内收集管网进入污水收集管道,最终收集后进入终端污水处理站。雨水管道铺设至主干道,采用上层雨水下层污水双线布置,道路两边设置雨水渗滤带,经渗滤后多余户内雨水或道路径流进入雨水沟汇入村庄北部蓄水沟。西单村污水处理项目系统运行正常,出水达标。平均日处理量 40 m³/d,年处理能力 14600 m³。经过处理后水质达到《农村生活污水处理处置设施水污染物排放标准》(DB 37/3693—2019)中一级 A 排放标准,实现雨污分流,雨水及中水储存回用。

（2）海南省陵水黎族自治县远景村①

远景村位于陵水县西北部，村辖区内共有 12 个自然村、26 个村小组，常住人口约 4000 人。属热带岛屿性季风气候，全年高温，干、湿季分明，夏、秋多雨，冬、春干燥。年均气温 25.2℃，年均降水量 1500～2500 mm。全村面积为 1338 hm²，耕地面积为 10532 亩，主要种植水稻、豆角、圣女果等。该村已完成"三格式"无害化厕所改造工程。

远景村结合村集体经济发展实际，采取"户厕＋抽粪吸污车＋化粪池发酵"的模式，在村中筹建抽污工作队和保洁队伍，购进吸污车，定期抽取村民家中化粪池污水，对其进行过滤处理后，用作远景苗木花卉培育基地的有机肥。农户家的生活污水首先进入"三格式"化粪池进行初步发酵分解，经过初步分解的粪污经抽粪车集中收集后发酵处理，最终作为有机肥还田。污水处理工艺流程如图 4-10 所示。

图 4-10　远景村污水资源化利用工艺流程图

该模式不仅有效解决了村民化粪池污水排放的问题，还为村里苗木花卉培育基地提供了有机肥，最终达到了无害化处理、资源化利用的效果。远景村推行该模式后，1 年可节省肥料成本约 5000 元。该模式具有投资成本低、环境经济效益好等优点。

（3）重庆市涪陵区罗云镇干龙坝村②

干龙坝村位于罗云镇东南方，与罗云坝社区、文昌宫村相邻，地势平坦，土地肥沃，是青菜头种植基地。属亚热带季风湿润气候，年均气温 16.1℃，年

---

①　案例由陵水黎族自治县提蒙乡政府提供。
②　案例由重庆市涪陵区生态环境局提供。

均降水量 1200 mm。该村桂花园居民点,常住人口约 200 人,日产生活污水 20 余吨。

该居民点通过发展生态有机绿色农业的方式推进农村生活污水治理。通过建设农村生活污水智能化生态调控池、管网系统,建立起"化粪池出水—生态调控池(调节水量、自动控制、曝气)—管网延伸至庄稼地—智能化浇灌"模型,居民点的污水经化粪池处理后,进入生态调控池,经水量调节、曝气处理后,通过管网输送至农田,通过喷灌系统进行浇施。污水处理工艺流程如图 4-11 所示。

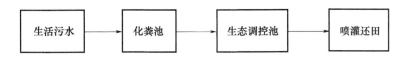

图 4-11　干龙坝村污水资源化利用工艺流程图

该农村生活污水资源化利用方式在节约了灌溉水、降低了农民劳动强度的同时,从根本上解决了农村生活污水收集难、处理难、运行难的问题。适用于周边有大量农田、水资源较为缺乏的村庄。

4.2　市场化案例

依据治理内容的不同,可分为单一治理内容(建管一体化模式、城乡一体化模式等)、双项治理内容(供排一体化模式等)、多项治理内容(EOD 模式等)三种类型;依据农村生活污水治理资金来源的不同,可分为政府投资、社会投资、公私合营(PPP 模式等)、村民付费四种类型;依据农村生活污水治理项目建设过程的不同,可分为建设-运营-移交(BOT)模式、工程总承包(设计-采购-施工-试运行,EPC)模式等,以及其衍生模式,如 EPC＋O 模式等。

4.2.1 建管一体化模式

(1)江苏省宿迁市泗阳县——BOT＋BT模式

泗阳县位于江苏省北部,东邻淮安市,西接宿迁市,南濒全国第四大淡水湖洪泽湖,属长三角经济区和淮海经济区。县域面积1418 km²,总人口106.3万,辖10个乡镇、3个街道、1个省级经济开发区。近年来,泗阳县在广泛调研论证的基础上,创新推出农村污水治理模式,推进农村生活污水治理。

泗阳县成立了县级农村生活污水社会化治理领导小组,落实"省级统筹、市级负总责、县级抓落实"的农村生活污水治理工作机制。编制了《泗阳县农村生活污水治理专项规划》,坚持"四个统一"(统一规划、统一设计、统一建设、统一运行)原则,通过引入社会化资本方,整县推进农村生活污水处理。站区采用建设-运营-移交(BOT)模式,管网采用建设-移交(BT)模式,站区和管网同步建设,由社会资本承担站区建设资金,通过27年的特许经营权运营,按实际处理水量收取污水处理费方式收回投资,由县财政统一保障污水处理站运营服务费。成立了水务有限公司,统一运营全县污水站区。同时,委托第三方机构每季度监测水质情况,将水质达标情况与污水处理服务费用挂钩。泗阳县通过建立和完善县、乡、村三级日常巡查网络,实行"零距离"监管,及时发现整改设施损坏、出水异常等情况,确保设施正常运行率达90%以上。

全县已累计建成农村生活污水处理设施145个,配套污水管网约120 km,行政村污水处理设施覆盖率达75%,处理规模约1万t/d。通过政府赋权、市场投资、村民受益、企业赢利的治理模式,打通了村居污水治理"最后一公里"。

(2)江苏省徐州市沛县——BOT＋ROT模式

沛县位于江苏省西北端,国土面积1806 km²,下辖13个镇、4个街道、2个省级经济开发区、1个农场,包括277个行政村、107个社区。2021年沛县开展农村生活污水治理政府和社会资本合作(PPP)项目,总投资 33.67 亿元,污水处理总规模 6.01 万 m^3/d,覆盖所辖 13 个镇、4 个街道及 1 个农场。项目共分两期实施,一期包括在建和新建项目,建设集中处理型项目 372 个(含搬迁撤并集中建站 19 个)、纳管处理型项目 10 个;二期包括改造和新建项目,建设集中处理型项目 394 个(含搬迁撤并集中建站 27 个)、纳管处理型项目 14 个。

沛县以污水减量化、分类就地处理、循环利用为导向,科学规划安排农村生活污水治理工作。按照"统一规划、统一建设、统一运行、统一管理"要求,通过采用建设-运营-移交+投资改造-运营-移交(BOT+ROT)模式,实行 1 年建设 20 年运维的合作方式,推进农村生活污水治理 PPP 项目。社会资本方负责项目的投融资、设计、建设、改建、运行维护。合作期满后无偿移交给沛县人民政府或其指定机构。由县财政统一保障污水处理站运营服务费。采取资本金制度,资本金占项目总投资的 20%,其中,政府方占股 10%,社会资本占股 90%。同时,针对村民居住较分散、村内污水处理设施处理规模小、管理难度大等问题,推行污水处理系统运行管理信息化、日常维护专业化,由社会资本方负责污水处理设施、管道、提升泵站、信息系统的管理及日常维护、大修及更新重置等,提高农村生活污水处理工程效益和管理水平。

沛县农村生活污水治理 PPP 项目实施情况良好,持续巩固了农村生态环境质量,有效治理了农村生活污水,同时,也保障了农村生活污水处理设施的正常运行,入选 2021 年江苏省第三批政府和社会资本合作(PPP)项目推介。

(3)浙江省嘉兴市秀洲区——BOT 模式

秀洲区位于浙江省北部,是嘉兴市本级的下辖区之一,总面积 547.73 km^2,2021 年,全区户籍人口 43.02 万,其中,农村人口 19.86 万。2018 年以来,秀洲区按照"两美"浙江建设和"五水共治"的总体部署要求,围绕确保农村生活污水治理设施"一次建设、长久使用、持续发挥效用"的基本目标,采用 BOT 模式推进农村生活污水治理,通过统一建设、运维,5 年回购、10 年运维的模式,实现了建设、运行、维护一体化。

为确保农村生活污水治理设施正常运行,秀洲区将农村生活污水治理工程投资建设(BOT)项目回购资金和后续运维费列入了区财政预算,确定用于各镇农村生活污水治理设施运维的污水处理费滚存资金不足的将下达运维经费,区财政按50%负担下达。秀洲区先后出台了《秀洲区农村生活污水治理设施运行维护管理实施办法》《秀洲区2019年度农村生活污水治理设施运行维护管理工作考核办法》等文件,不断健全运维管理制度体系。秀洲区建立了农村生活污水治理设施运维管理"站长制"工作机制,并根据BOT协议,由第三方制定日常管理制度,公布报修投诉电话,由专人负责受理、记录。同时,秀洲区开发了农村生活污水治理设施运维监管服务平台和移动端监管系统,通过监督巡查人员的现场签到、记录问题及相关数据的统计分析等功能,切实加强和落实各主体监管职责。通过采取乡镇与第三方运维公司签订工作责任状的方式,将运维资金与实际运维效果相挂钩。

根据浙江省住房和城乡建设厅、省农业农村厅等四部门联合发布的《关于公布2018年度农村生活污水治理设施运维管理工作专项考核结果的通知》,秀洲区获得浙江省农村生活污水治理设施运维管理考核优秀县(市、区)的荣誉。

(4)福建省龙岩市新罗区——EPC+O模式

新罗区位于福建省西南部,是闽西政治、经济、文化中心,闽粤赣边的重要交通枢纽和物资集散地。全区总面积2678 km²,下辖7个街道、13个乡镇、73个社区、282个行政村。在《福建省农村生活污水提升治理五年行动计划(2021—2025年)》《龙岩市农村生活污水提升治理五年行动计划(2021—2025年)》《新罗区农村生活污水治理专项规划(2020—2030年)》文件指导下,新罗区采用设计施工总承包及运营一体化(EPC+O)模式推进农村生活污水治理。

新罗区高度重视农村生活污水治理工作,成立区农村生活污水治理工作领导小组,负责协调相关工作,推动项目保质保量、有序实施。新罗区按照"农村生活污水治理与流域生态补偿资金挂钩机制＋国企承建模式＋山区地区适用处理技术工艺"思路,采用 EPC＋O 模式,开展石镇、铁山镇等 8 个乡镇 36 个行政村的污水治理项目。项目建设期 2 年,运营期 10 年,概算总投资为 24756.36 万元。为确保农村生活污水治理项目规范运行,新罗区完善了《新罗区农村污水治理项目运营考核办法(试行)》《新罗区农村生活污水治理绩效考核办法》等,生态环境局负责按季度组织相关单位或委托第三方专业机构对项目进行考核,并根据运维绩效考核结果,核算项目奖励资金。

新罗区被列入福建省十个农村生活污水治理试点县之一,2020 年争取到专项资金 1080 万元,率先入选《中央生态环境资金农村环境整治项目储备库》。通过农村生活污水治理项目的实施,补齐了农村环保基础设施短板,改善了人居环境,推动了富有绿化、绿韵、绿态、绿魂的乡村生态建设。

(5)山东省济宁市——政府购买服务

济宁市位于山东省西南部,是著名的"孔孟之乡、运河之都",国土面积 1.1 万 km^2,根据第七次全国人口普查数据,济宁市常住人口 835.8 万,其中,农村常住人口 333.57 万。为确保南水北调水质安全和农村生态环境改善,济宁市按照"统一规划,统一设计,统一建设,统一维护,统一监管"思路,在全省率先实施农村污水治理"建管一体化"全流程服务模式,采取"城乡一体化"的特许经营模式,通过竞争方式选择山东公用控股有限公司负责全市农村生活污水治理项目的建设运营(济宁高新区自筹资金建设),扎实推进农村生活污水治理。

济宁市高度重视农村生活污水治理工作,多次召开市委常委会和市政府常务会进行研究谋划、部署推进,明确了项目建设和运维模式、资金投入和筹资方式等。市级层面成立由市长任组长的领导小组,成立了市农村生活污水治理工作专班。按照"建设、运营、维护"一体化服务总体思路,注册成立山东公用水污染治理有限公司作为项目公司,并在各县(市、区)成立分公司以及专业运维团队,形成了建管一体化全过程服务模式。同时,济宁市不断强化农村生活污水治理和运维资金保障,积极争取各项资金,做好项目包装,积极申请政府专项债券支持,全力申请国开行、农发行贷款,探索建立农户付费制度。依托"智慧水务"大数据平台建设,搭建农村生活污水治理智能云,通过手机端实时掌握污水处理站点的运行状态。

截至2021年底,济宁市农村生活污水治理率达39%。济宁市农村生活污水治理项目改善了农村污水散排问题,提升了村庄整体环境和村民生活品质,保障了南水北调东线水质安全,探索出了农村生活污水治理"济宁模式",为北方农村污水治理提供了一个典型样板。

4.2.2 城乡一体化模式

(1)浙江省嘉兴市海宁市——城乡一体化模式

海宁市位于长江三角洲南翼、浙江省北部,总面积862.82 km²,下辖4个街道、8个镇、3个省级经济开发区。2020年全市常住人口107.62万,其中,农村常住人口32.34万。近年来,海宁市紧紧围绕"五水共治""乡村振兴""农村人居环境"等各项工作部署,按照农村生活污水运维管理一体化"试点先行,稳步推进"工作思路,积极推进水务一体化运维,重点加强农污运维监管、推进标准化创建、加快终端纳厂改造,全面实现农村生活污水设施水务运维一体化管理。

海宁市编制完成《农村生活污水治理建设规划(2021—2025)》,科学谋划"十四五"期间农村生活污水"全域治理、全域纳厂、全域达标"。按照先行改造环境敏感区、外来人口集聚区、市政管网就近区的原则,2019年起逐步推进终端纳厂改造,三年累计完成终端纳厂改造454个,计划2022年底前全面实现城乡污水"一张网"管理。海宁市出台了《农村生活污水运维管理一体化工作方案》,按照"试点先行,稳步推进"的工作思路,由海宁市水务集团作为第三方统一运维管理。同时,出台了农村生活污水运维管理办法和考核办法,建立了市、镇、村、户和第三方"五位一体"工作体系。制定了第三方运维单位指导意见、镇村二级站长制和管网设施维修基金使用操作细则,不断强化体系建设。打造农污运维志愿服务、智能服务体系,打通农污管理"最后一公里"盲区。

截至 2021 年底,海宁市累计投入建设资金 12 亿元,建设污水终端处理设施 743 座、村庄污水收集管网约 5600 km,全市 145 个农村行政村治理率 100%,受益农户 10 万余户。在 2021 年度专项考核中排名嘉兴市全市第一,获评浙江省优秀县(市)。

(2)江苏省连云港市灌南县——PPP 模式

灌南县位于江苏省东北部沿海区域、黄淮平原南部,总面积 1030 km²,下辖 11 个镇、238 个行政村(社区)。近年来,为切实提升城乡生活污水治理水平,与中国葛洲坝集团股份有限公司合作,成立葛洲坝水务(灌南)有限公司,开展城乡一体化污水治理 PPP 项目的投融资、施工、运维、管理等全生命周期工作。该 PPP 项目主要包括村庄污水治理工程、中心城区污水管网改造、小区雨污分流改造、企事业单位和商业广场雨污分流改造、镇区污水管网及"十必接"改造等,是苏北地区最大的水务项目,总投资 29.22 亿元。

灌南县城乡一体化污水治理 PPP 项目,存量资产采用转让-运营-移交(TOT)模式、新建项目采用 BOT 模式,项目的投融资、存量资产的接收和改造及项目的新建、运营维护由葛洲坝水务(灌南)有限公司负责。该公司通过提供污水处理服务,收取污水处理费,并获得政府按使用量付费的权利。项目合作期为 28 年,其中建设期为 3 年,运营期为 25 年。灌南县住建局、生态环境局及各镇人民政府按各自职责对全县污水处理厂运行进行监督管理。灌南县建立了建设、运行和移交全过程项目绩效考核体系,建设期考核得分低于 90 分,政府方有权提取建设期履约保函相应金额,运行期考核得分低于 60 分时,政府方将暂停支付当年度污水处理服务费,移交期考核分数与移交违约金金额挂钩,资产完好率过低,移交违约金不能覆盖资产恢复性大修支出的,缺口部分由政府方在移交保函剩余部分中提取进行弥补。

灌南县通过城乡一体化污水治理 PPP 项目的实施，将实现农村生活污水治理全覆盖。

(3)江西省石城县——PPP 模式

石城县位于江西省东南部，是鄱阳湖生态经济区、海峡西岸经济区、珠江三角洲经济区交融的重要结点，国土面积为 1567 km²，下辖 11 个乡镇、1 个城市社区管委会、131 个行政村。石城县全力呵护赣江源头一泓清水，积极推进农村生活污水治理，率先在江西全省实现城乡污水一体化处理全覆盖。

石城县成立了城乡污水处理设施建设工作领导小组，各乡镇、村安排专人负责，形成了县、乡、村三级联动的治污领导体系。通过争取上级补助资金、获取政策性银行贷款和县财政配套等方式解决建设资金难题。在项目建设全过程，充分征求、尊重群众的意见和建议，确保选址科学合理、集约高效。组织乡、村两级干部和村民代表实地复核管网走向、参与工程验收。石城县按照"市场化运作、企业化经营、产业化发展、社会化服务"思路，采取政府与社会资本合作模式，引进江西挺进环保科技有限公司与石城县城投公司合作，组建石城挺进环保科技有限公司，对农村污水处理项目和设施实行统一建设、统一运营、统一维护。运维期为 8 年以上，运维服务包括及时接通新增农户污水收集管网、定期进行水质检测等。

石城县通过推进农村生活污水治理，实现了从"污水靠净化"到"清水绕人家"的华丽转变，县城集中式饮用水水源及地表水监测断面水质稳定在Ⅱ类，连续多年河湖长制工作被评为省市先进。

4.2.3 供排一体化

(1)江苏省南京市江宁区——城乡水务一体化模式

江宁区地处长江与沿海两大经济带交汇点，从东、西、南三面环抱南京主城，总面积 1563 km²，下辖 10 个街道、128 个社区、73 个行政村。近年来，江宁区积极推进农村生活污水处理设施建设，采取建设运维一体化模式，实现了全区农污水处理设施全覆盖。

江宁区高度重视农村生活污水治理工作,成立区级工作领导小组,统筹推进农村生活污水设施建设运维工作。江宁区按照"因村制宜、因地制宜"的标准,全区统一建设标准、统一设备管材供货商库(统一品牌,统一质量标准)、统一运维,实现长效治理。不断健全运维机制,建立江宁区农村污水指挥调试信息化监管平台,实现设施 24 小时视频监控、远程操作、故障智能判断、任务自动下达等。全面推动"供排一体,城乡一体"的新型管理机制,区水务集团采取自主运维的模式,同时选聘专业管网及设施抢(维)修单位,共同开展运维管理工作。设立"公示牌",明示设施基本情况、后续的运维负责单位、管理负责人及联系电话等信息。推进巡查督查,妥善解决项目立项、跟踪审计、设备采购、设施"老标新做"、独立电表申领、智能化平台建设等问题。强化监测检查,除了定期开展检查外,通过专业第三方定期开展抽查检查工作。实行绩效常态化考核,编制印发《江宁区污水处理设施建设与运维考核办法》,实行服务绩效付费机制,不断提升运维管理水平。

截至 2021 年底,江宁区生活污水治理覆盖 1437 个自然村,受益人口达 37.22 万,建成农村生活污水处理设施 2584 套,日处理生活污水 4.11 万 t。

(2)海南省五指山市——乡村供排运维一体化

五指山市位于海南岛中南部腹地,是海南省中部少数民族的聚居地,也是海南岛中部地区的中心城市和交通枢纽,下辖 4 个镇、3 个乡、1 个居、65 个行政村。近年来,五指山市落实乡村振兴战略,探索建立城乡供排水项目建、管、护一体化模式,实现城乡水务一体化发展。

五指山市通过延伸城乡供水管网、修建或扩建农村饮水安全工程,不断提升农村饮用水供水质量。将乡镇污水处理厂附近的村庄纳入乡镇污水处理厂污水收集范围,同时在乡镇污水处理厂管网无法覆盖的村庄,设立污水处理站点,基本实现了城乡污水处理一体化。通过向社会采购服务的模式,委托专业机构运营管理农村饮水安全工程和污水处理设备,实现农村供排水管网运行管护从"有名"到"有实"的转变。五指山水务有限公司成立了两个运营管理部门,一个负责农村饮水安全运营管理,另一个负责农村污水运营管理。该公司配备专业人员,负责五指山农村地区的供水安全工程、污水处理设备的维护保养等工作。五指山水务部门出台了农村饮水安全工程委托运营管理考核方案,对企业供水设施、供水水质、安全措施等进行定期抽查,确保供水管理达到考核标准。

目前五指山市共有201处污水处理站点,覆盖了206个乡镇污水处理厂管网无法覆盖的村庄。通过铺设农村供水安全工程管网和乡镇供水厂供水管网"双管齐下",基本实现了城乡供水管网全覆盖。

4.2.4 EOD 模式

(1)宾阳县农村环境治理与产业融合发展 EOD 项目

宾阳县隶属于广西壮族自治区南宁市,总面积 2298 km²,下辖 16 个镇、192 个行政村、45 个社区、1776 个自然村(屯)。根据第七次全国人口普查结果,全县常住人口 80.14 万,其中,农村常住人口 43.86 万。近年来,宾阳县以生态环境导向开发(EOD)模式试点建设为契机,启动农村环境治理与产业融合发展 EOD 项目,以农村生活污水治理、湿地治理、农业废弃物资源化利用等实施紧迫、生态环境效益高、对关联产业具有较强的价值溢出的生态环境治理项目为基础,以生态农业、生态旅游、乡村振兴(城乡供水)等生态环境质量的改善对产业价值提升的关联产业运营为支撑,以宾阳县国家农村产业融合发展示范园为边界的区域综合开发为载体,采取生态种植、加工、流通等产业链延伸、联合经营、组合开发等方式,积极申报、统筹推进、一体化实施"生态环境+产业开发"类 EOD 项目,促进生态环境治理项目与收益较好的关联产业有效融合,实现一、二、三产业融合发展,生态环境资源化,产业经济绿色化,打造 EOD 示范项目及首批国家农村产业融合发展示范园标杆示范项目。

宾阳县建立了 EOD 试点推进工作领导小组,统筹协调规划、政策、项目、资金等重大问题。项目推进过程中分解目标任务、细化工作举措。不断创新政策机制,构建市场主导社会治理、生态产品市场化交易机制,打造新的政企合作模式。探索实现"高生态价值、高产业价值、高附加值多轮驱动反哺生态环境治理"的市场化机制。不断创新项目融合路径,构建基于自然的生态价值链设计,通过生态环境治理和产业链构建一体化实施,实现自然资本增值及产业增值,共同反哺生态环境治理。加大对 EOD 试点项目的政策扶持、金融政策扶持力度以及财政扶持力度,积极争取省市政府财政专项支持,整合本级财政部门预算资金,多渠道筹集资金,保障 EOD 模式试点项目保质保量实施。宾阳县不断强化 EOD 试点项目全过程跟踪指导,制定各试点项目实施细则和具体的试点方案,建立目标责任制、领导小组例会制度,推进各部门试点进展情况。把 EOD 模式试点申报和项目实施工作纳入绩效考评体系,建立定期检查、通报、督办的制度。

宾阳县农村环境治理与产业融合发展项目成功入选第二批全国生态环境导向开发(EOD)模式试点。通过 EOD 项目实施,将进一步把宾阳的生态优势转化为发展优势,把农业资源转化为经济引擎,推动"绿水青山就是金山银山"有效落地,打造"中国宾阳农谷"乡村振兴新标杆,实现"村庄美、产业兴、农民富、环境优"目标。

(2)邛崃市白沫江水美乡村生态综合体开发项目

邛崃市地处四川成都平原西南部,位于成都市"半小时经济圈",总面积为 1377 km^2,下辖 14 个镇(街道)。近年来,邛崃市高度重视农村生活污水治理工作,启动实施白沫江水美乡村生态综合体开发项目,以区域综合开发为载体,将农村生活污水治理等环境治理项目与沿线茶、农、旅等产业有机融合,实现农村环境治理与产业发展双赢。

邛崃市遵循"供排净治"一体化思维,探索白沫江流域供水、排水、净水、治水闭环管理,构建"投建管运"一体化机制。实施饮水巩固工程、供水管网延伸工程等,初步形成了"大水厂供水、大管网输水、镇(街)集中供水"的城乡一体、全域覆盖的供水保障体系。实施平乐镇、夹关镇等镇（街道）生活污水处理设施建设，研究特色镇、林盘、博览园和产业项目排水方案，构建安全高效的排水体系。构建"产业功能区理念、片区运营商运营、EOD模式推进、社会资本灵活参与"的白沫江生态价值转化机制，建立运营与治理的正向反馈机制，以经营项目不低于10%的经营收益反哺非经营性项目的长期运营维护费用和投资。邛崃市通过制定《邛崃市农村生活污水处理设施运营管理办法》进行严格考核，考核结果纳入污水处理服务费支付的依据。

邛崃市白沫江水美乡村生态综合治理项目以全国第七、四川第一、成都唯一的评审成绩入选第一批全国生态环境导向开发（EOD）模式36个试点项目。

4.2.5　收费推行情况

（1）福建省泉州市晋江市——分类收费

晋江市位于泉州市东南部、晋江流域下游南岸，是福建省县域经济实力最强的县（市），下辖6个街道、13个镇、102个社区、293个村庄，其中农村地区人口较为稠密。2020年底全市395个村（社区）已基本实现农村生活污水处理设施全覆盖。为加强农村地区生活污水治理工作、切实保障污水处理设施运行维护和建设，助推水资源的节约与循环利用，晋江市2021年起开始征收农村地区生活污水处理费。

征收标准为重点建制镇（安海镇、金井镇、东石镇）居民用户按0.85元/t征收，非居民用户按1.2元/t征收；其他镇按0.8元/t征收。征收计量方式为使用自来水的单位和个人，其污水处理费随同自来水费，根据水表计量按用水量计征收；使用自备井及原水的排水户依法应申请取水许可证的，应向水利部门申请取水许可证，并在取水口按照经计量管理部门检定的水表，按水表计量计征；未安装计量水表的，按取水设施的最大取水能力确定每月收费水量计征污水处理费；属居民自备井未安装计量水表的，按常住人口200 L/(d·人)用水量计征。污水处理费使用范围为镇（街道）、村（社区）污水管网的建设、维护管理费用,污水泵站、农村小型污水处理设施的建设、运行和维护管理费用,污泥处置费用,污水处理费代征费用。

2021 年,晋江市共征收污水处理费约 2 亿元,其中各镇(街道)获得约 5875 万元返还,专项用于镇(街道)、村(社区)污水管网的建设和维护。

(2)辽宁省沈阳市于洪区——分级分担

于洪区位于沈阳市西部,总面积 499 km²,下辖 10 个街道。2020 年底,于洪区常住人口为 106.6 万。2021 年辽宁省农村生活污水治理三年行动开展以来,安排了一系列试点示范任务,其中,于洪区承担农村生活污水处理农户收费试点示范任务,要求合理收取农户污水处理费,建立农村污水处理成本多元化分担机制,将付费事项纳入村规民约,开展农村生活污水处理设施三方运维试点,确保已建成污水设施稳定运行率达到 100%。

于洪区城乡建设事务服务中心制定了农村生活污水处理农户收费机制,区公用发展公司负责收取水费(包含自来水费及污水处理费农户分摊部分),区生态环境分局负责提供技术支持,各街道负责将收费事项纳入村规民约。于洪区实施"市、区、户"三方分摊机制,将农村生活污水治理成本纳入自来水单价,即由农户承担的自来水费中包含生活污水处理费,自来水单价(3.3 元/t)中有 0.95 元为生活污水处理费;市级资金补贴 1.07 元/t,区级统筹 1.1 元/t,三方合计为 3.12 元/t,该方式保证了农村生活污水治理设施的稳定运营。

目前于洪区前辛台等 35 个行政村实现以自来水费捆绑方式,收取农户污水处理费。2022 年底前,于洪区将完成辖区全部 81 个行政村的生活污水处理设施建设任务,同步收取污水处理费,建立农村生活污水处理成本的多元化分担机制。

(3)海南省三亚市定安县——自来水费代缴

定安县位于海南岛的中部偏东北,总面积 1196.6 km²,下辖 10 个镇、3 个居、123 个行政村(社区)、935 个自然村、3 个农场。定安县作为全国首批农污治理示范县,截至 2020 年底,已开展或正在开展农村生活污水治理的村占比达 62.68%。2021 年定安县出台了征收城镇污水处理费的相关公告,明确了征收范围、标准、方式等。

征收范围为在龙湖、雷鸣、黄竹镇镇(居)范围内使用公共管网,供水和自备水源(包括自备井和从江河湖泊取水)向城镇排水设施(包括接纳、输送城镇污水、废水和雨水的管网、沟渠、河渠、泵站、起调蓄功能的湖塘以及污水处理厂)排放污水、废水的单位和个人。征收标准为居民用户是 0.85 元/t,其他用户是 1.2 元/t;对使用自备水源的用水户,按其相应用水类别的征收标准开征污水处理费。征收方式为污水处理费由定安县农业农村局委托县自来水公司在收取水费时一并代收,并在发票中单独列明污水处理费的缴费金额。

目前,定安县部分镇(居)已开始征收污水处理费用,相关征收标准、方式、使用和管理等方面正在不断完善,为确保污水处理设施的建设和运行奠定扎实基础。

4.3 案例启示

通过对目前农村生活污水治理典型案例的收集和分析,得到以下启示。

一是科学选取农村生活污水处理技术模式。在充分考虑村庄人口规模、聚集程度、地形地貌、排水特点、经济承受能力等因素基础上,因地制宜、科学合理地选择农村生活污水处理技术模式。如德胜村、红港村、年拉村等距离城镇污水管网较远、村落规模较大、人口较多、居住相对集中或环境敏感区周边的村庄,采用了集中处理模式;而远离城镇及敏感水体、地形条件复杂、村庄规模较小或居住分散、污水不易集中收集、偏僻单户或相邻几户的村庄,如下南山村、十丈村等,采用了分散处理模式;对于多数农户相对集中、少数分散或具有特殊情况的村庄选用了"集中+分散"的处理模式;人口较少、居住分散、受纳体多且消纳能力高以及水资源较为缺乏的村庄,采用了资源化利用模式。

二是探索适宜的农村生活污水资源化利用方式。农村生活污水治理与农业生产、农村生活息息相关,根据村庄水资源禀赋、水环境承载力、发展需求等因素,积极探索农村生活污水资源化利用新方式,让污水自然净化、循环利用、变废为宝。借鉴远景村、干龙坝村等案例经验,将农村生活污水资源化利用方式分为四种情况:①接入村庄周边农田、草场、林地进行资源回用方式(图 4-12),适用于农户居住分散、受纳体消纳能力强的村庄;②就地回用于房前屋后"小菜园、小果园、小花园"浇施方式(图 4-13),适用于农户分散居住,且建有"小菜园"或"小果园"或"小花园"的村庄;③接入村庄周边生态沟渠(水塘)、生态缓冲带、湿地系统消纳处理方式(图 4-14),适用于农户居住分散、周边生态沟渠(水塘)多的村庄;④输送到农田浇灌系统浇施方式(图 4-15),适用于村庄周边有丰富农田土地资源、水资源相对缺乏地区的村庄。

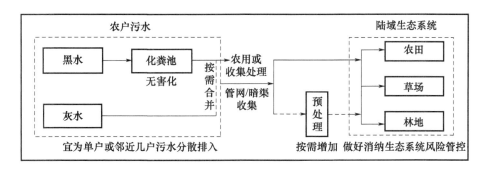

图 4-12　接入村庄周边农田、草场、林地进行资源回用方式

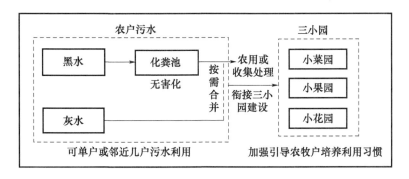

图 4-13　就地回用于房前屋后"三小园"浇施方式

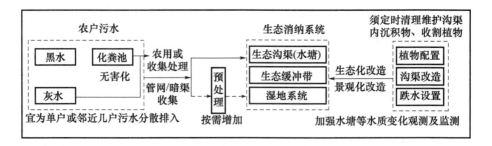

图 4-14 接入村庄周边生态沟渠(水塘)、生态缓冲带、湿地系统消纳处理方式

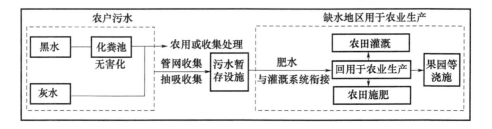

图 4-15 输送到农田浇灌系统浇施方式

三是坚持走村入户摸清农村生活污水产排特征。安家湖村污水处理设施设计和建设时,通过调研及数据收集,确定人均用水量为 30~40 L/d,并未采用《山东省农村生活污水处理技术规范》(DB37/T3090—2017)中相关数据(100~145 L/d),设施设计规模最终确定为 10 m³/d,运行后实际处理水量夏季为 9 m³/d,冬季为 6 m³/d,设施运行稳定、处理效果好。而各地在推进农村生活污水治理的过程中,调查不深入、设计不严谨等原因导致处理设施建设规模过大、收集不上污水等问题时有发生。因此,农村生活污水处理设施在设计之初,应将农户用水情况、排水情况进行深入入户调查了解,核准生活污水产生和排放系数,避免出现设计规模偏大、收不上水、进水水质浓度偏低等问题,以及污水处理设施闲置率高、投资浪费等现象。

四是探索农村生活污水治理市场化实践路径。从案例中可以看出,污水处理设施的建设和运维成本较高,仅靠政府部门拨付资金来治理农村生活污水较为困难。建议从加强资金投入保障、推行一体化模式、创新投融资模式、落实扶持优惠政策、推行污水付费试点、建立市场化管理制度等方面,构建政府主导、市场运作、社会协同、村民参与的农村生活污水共治共享体系。

第5章 农村生活污水治理体系与实践路径

基于公共治理理论分析视角,聚焦农村生活污水治理体制机制改革难点,分别从治理理念、治理主体、治理制度、治理机制四个维度,探析现代农村生活污水治理体系及其实践路径,着力构建党委领导、政府主导、农民主体、企业支持的现代农村生活污水治理体系,以期为当前我国农村生活污水治理探索一条有效治理路径。

5.1 农村生活污水治理概念与体系框架

5.1.1 治理理论与概念界定

治理理论(governance theory)是 20 世纪末西方社会为应对政府失灵、市场失灵的深刻反思和全球合作共治等实践活动的理论升华,是当今社会科学的前沿理论之一(魏涛,2016;王刚 等,2017)。它强调主体多元协商和网络参与共治,被认为是对传统公共行政范式的替代,对提高和改善公共物品的数量和质量有着积极意义。但治理也不是万能的,也存在治理失效的可能。为克服治理的失效,不少学者和国际组织提出"元治理""健全的治理"和"善治"等概念。其中"善治"的理论最有影响力,它是使公共利益最大化的社会管理过程,是政府与公众对公共生活的合作管理,是政治国家与公民社会的一种新颖关系,是二者的最佳状态(俞可平,1999)。

俞可平教授的《治理与善治引论》一文对"治理"概念做了系统总结(俞可平,1999),他提出英语中的治理(governance)一词源于拉丁文和古希腊语,原意是控制、引导和操纵。长期以来它与统治(government)一词交叉使用,并且主要用于与国家的公共事务相关的管理活动和政治活动中。但是,自从 20 世纪 90 年代以来,西方政治学和经济学家赋予 governance 以新的含义,不仅使其涵盖的范围远远超出了传统的经典意义,而且其含义也与 government 传统的含义相去甚远。它不再只局限于政治学领域,而是被广泛用于经济社会、生态环境等领域。1995 年,全球治理委员会给出"治理"概念的权威界定,即治理是各种公共的或私人的个人和机构管理其共同事务的诸多方式的总和,是使相互冲突的或不同的利益得以调和并且采取联合行动的持续的过程。

借鉴治理理论和概念,具体到农村生活污水治理概念,可从狭义和广义两个方面界定。从狭义上理解,就是对农村居民生活产生的污水进行处理;从广义上理解,是为解决农村生活污水问题,政府、农民、企业或社会共同采取行动过程方式的总和,是为实现农村生活污水善治,引导和规范各类参与主体推进农村生活污水治理的一系列制度和程序。

5.1.2　治理体系框架

早在 20 世纪 80 年代,我国就开始了农村生活污水处理技术研发工作,推动了一大批无动力或微动力的分散式污水处理技术应用。随着社会主义新农村建设的深入推进,农村生活污水治理工作逐渐被重视起来,尤其是东部经济较发达地区。近年来,农村生活污水治理作为农村人居环境整治的重要内容,被纳入国家环境重要战略中予以推进,不仅在技术研发与应用层面得到发展,在政策规划、管理体制、资金保障、治理机制、排放标准等方面研究也得到加强,但总体上系统地对农村生活污水治理体系研究较少。通过对生态文明制度体系、国家治理体系、生态治理体系、农村生态治理体系等相关文献的梳理,分析得到:按研究领域划分,生态文明制度体系包括环境保护、资源利用、生态保护修复、保护责任 4 方面制度;按照系统构成划分,农村生活污水治理体系主要由治理理念、治理主体、治理制度和治理方式(机制)4 部分构成。

5.2 农村生活污水治理的现实困境

5.2.1 治理实践滞后于绿色发展理念

一是治理理念相对滞后。党的十八大以来,所提出的生态文明思想和绿色发展理念,是指导农村生活污水治理实践的先进理念,但这一理念在贯彻落实上尚存差距,不少地区没有将农村生活污水处理与农村生产生活绿色化转型紧密结合起来,而是照搬"城市处理"模式,治理绩效往往较差。

二是思想认识还不到位。受城乡二元结构影响,"重城市、轻农村,重点源、轻面源,重工业、轻农业"的观念在不少基层地方政府还普遍存在,导致农村环境基础设施建设明显滞后于农村经济发展,欠账较多。

三是生态治理素养有待提升。一些领导干部对农村生活污水治理规律把握不足、治理难度考虑不充分,不注重前期摸底调查和与村民沟通,导致方案设计不科学、群众怨言较多。不少村民环保意识较差,多年养成的不良生活习惯仍未改变,参与环境保护的积极性、主动性不高。

5.2.2 治理主体单一化态势仍较为突出

一是"大政府、小社会"管理模式长期存在。污水治理不单纯是政府的责任,而是整个社会的责任,包括政府、企业、非政府组织和农民群众。一些地方政府仍沿用"从上而下、包揽建设"的工作模式,"大包大揽""政府干、百姓看"等现象时有发生;还有一些地方尚未建立项目信息公开监督制度,在项目规划、选址、设计、建设和运营等环节缺乏与群众的互动。

二是市场机制不完善。与城镇污水处理相比,农村生活污水处理具有量大、面广、不稳定等特征,现阶段处理技术和市场商业模式尚不成熟,稳定的投资回报机制尚不健全,吸引社会资本参与的积极性整体不高。

三是农民参与内生动力不足。大多数农民对改善村庄环境、解决污水问题表示支持,但也有一些村民对处理工程有误解,担心处理后的污水会影响身体健康,甚至是破坏自家"风水"。

5.2.3　法律法规政策体系有待完善

一是相关法律法规不健全。农村生活污水治理相关法律主要分布在《环境保护法》《水污染防治法》等有关条款中,表述比较原则,不够详尽。尽管也有地方率先在农村生活污水处理设施管理方面开展地方性法规试点,如《浙江省农村生活污水处理设施管理条例》,但多数地方尚未开展相关地方性法规研究工作,未从立法层面明确治理要求、政府责任和村民义务等。

二是标准规范针对性不强、执行时间较长。当前与尾水利用、污泥处置、排水设计等紧密相关的标准往往是针对城镇地区或大型污水处理厂的,而且有关渔业水质等方面的标准执行时间较长,且部分污染物指标已不适应现在的管理需要。此外,我国农村污水处理技术和设备类型众多,但质量良莠不齐,缺少设备质量认证体系;缺乏适合农村特点的排水(污水收集)系统设计规范或规程(刘俊新,2017)。

三是优惠扶持政策有待细化和完善。国家印发的《农村人居环境整治三年行动方案》,分别从政府债券、土地增值效益、信贷支持、扩大贷款等方面提出加强政策支持措施,但从多地实际调研的情况来看,这些优惠扶持政策落实情况较差,有的是因为对政策背景不了解,有的是实操路径尚未明确。此外,农村生活污水处理用电、用地支持政策也有待加快落实。

四是村庄污水处理缺乏统筹规划。一些地区缺乏城乡间、生产生活间的统筹规划,人为割裂了污水处理与自然条件的有机互动;不少村庄建设规划滞后,尚未明确对保留村、整治村和拆迁村的通盘统筹规划,对"空心村"现象预判不足,导致一些工程项目建成后闲置和浪费;还有一些村庄改厕与污水处理衔接不足、部门间"各自为战"、管网建设与污水收集错位等问题时有发生。

5.2.4 治理方式和治理机制有待革新

一是科技支撑满足不了农村实际需求。目前,关于农村生活污水处理技术的科研工作已大量开展,也取得了许多研究成果。但面对规模小、排放分散、不稳定等实际困难,总体上处理技术的适应性相对较差。由于缺乏科学的技术选取决策系统,技术选取的主观性和随意性较大,一些地区沿用城镇污水处理模式,本该采用分散治理模式的村庄,却采用集中治理模式,产生了尾水无排放去向、征地困难、群众不支持、运维难以保障等问题。

二是环境监管能力薄弱。总体上,农村环境监管能力不足,绝大多数乡镇没有专门的环境保护机构和编制,缺乏必要的监测、监察设备和能力,无法有效开展工作。具体到农村污水领域,农村污水处理设施点多、面广、数量大,如何有效开展监督管理,是一项具有挑战性的工作。

三是农村生活污水处理设施投入长期不足。近年来,国家设立专项资金,大力推进包括农村生活污水在内的农村环境整治,解决了一大批突出环境问题。据生态环境部统计,截至 2022 年 9 月底,全国开展农村生活污水处理的农户仅 31% 左右,多数农户生活污水尚未得到有效处理,资金缺口较大。

四是现行管理体制和治理机制有待创新。农村生活污水处理涉及农业农村、生态环境、水利、卫生健康、发展改革、财政、住建等多个部门职能,工作实际推进中"推诿扯皮"的现象时有发生,如一个农户的改厕和污水收集系统建设需要分别纳入两个部门牵头的工程,人为地割裂了污水处理过程,不符合农户实际需要。此外,有关统筹协调机制、长效运维机制、市场投融资机制等也有待进一步健全。

5.3　农村生活污水治理体系的实现路径

5.3.1　树立绿色发展理念,强化农村生活污水治理顶层设计

一是明确基本路径。以习近平生态文明思想为指导,牢固树立绿色发展理念,按照实施乡村振兴战略和农村人居环境整治的总体要求,立足农村实际,以构建党委领导、政府主导、农民主体、企业支持的现代农村生活污水治理体系为目标,完善体制机制,明确责任,各负其责,协同治理,形成合力,为推动农村人居环境根本好转和建设生态宜居的美丽乡村提供制度保障。

二是提升格局意识。农村生活污水治理与农业生产、农民生活息息相关,需要融入农村生态系统的"大格局"中,牢固树立山水林田湖草是一个生命共同体的理念,以污水减量化、分类就地处理、循环利用为导向,统筹加强污水治理与农田灌溉回用、生态修复、景观绿化等的有机衔接,实现农业农村水资源和有机废弃物的良性循环。

三是强化目标考评。以县为单位,研究出台省(区、市)级农村生活污水治理考核办法及评价指标、农村生活污水处理设施运行维护管理考核办法等,建立奖惩机制,强化考评结果应用,落实"党政同责、一岗双责",破解城乡二元结构束缚,提高对农村生活污水治理必要性和重要性的认知。

四是提高公众素养。充分利用电视、广播、报刊、网络等媒体,大力开展农村生活污水治理知识和典型案例宣传,提升领导干部和农民群众对农村生活污水治理规律的客观认识。完善村规民约,倡导节约用水,引导农民群众形成良好的用水习惯,从源头减少污水乱泼乱倒的现象。

5.3.2　明晰各类主体权责,形成多元参与协商共治的良好格局

一是坚持政府主导。地方政府是农村生活污水治理的责任主体。要完

善中央部署、省负总责、市县抓落实的农村生活污水治理机制。按照财力与事权相匹配的原则,明确中央和地方财政支出责任。完善发展改革、财政、自然资源、农业农村、生态环境、水利、住建等农村生活污水治理跨部门联动机制。发挥政府引导作用,做好农村生活污水治理的摸底调查、规划编制、资金保障、组织实施、技术指导、考核评估等工作,解决单靠一家一户、一村一镇难以解决的问题。

二是坚持农民主体。农民群众不仅是农村生活污水治理的产生者和受益者,更是重要的参与者、建设者。要明确农民维护公共环境的责任,庭院内部、房前屋后环境卫生由农户自己负责,村内公共空间环境由村集体经济组织负责。在农村生活污水治理的摸底调查、方案编制、初步设计、建设运营等环节,要多征求和听取农民群众的意见,切实保障农民群众的知情权、参与权和监督权。发挥村民自治作用,动员广大村民积极主动实行自我管理、自我教育、自我服务。

三是鼓励社会参与。社会力量是推进农村生活污水治理的重要参与者,是推进治理能力现代化的重要一方。完善政府和社会资本合作模式,鼓励各类企业参与农村生活污水治理。引导工会、共青团、妇联、行业协会等社会组织以及个人通过捐资捐物、结对帮扶等形式,支持农村生活污水治理建设和运维。倡导新乡贤文化,以乡情、乡愁为纽带吸引和凝聚各方人士积极支持农村生活污水治理。

5.3.3 健全法律法规政策体系,推进治理制度的法制化、规范化、标准化

一是完善法律法规。在国家层面,建议加快推进农村人居环境建设立法,明确包括农村生活污水治理在内的农村人居环境改善的基本要求,政府、村民、企业等治理主体的责权,明确中央和地方事权,细化部门职责分工等。在地方层面,鼓励具有地方立法权的设区市以上城市,结合本辖区农村特点,

研究制定农村生活污水治理管理条例、农村生活污水治理考核办法、农村生活污水处理设施运行维护管理办法等地方性法规、规章和规范性文件,保障建设、运维、管理全过程有法可依,明确各方职责分工,确保权责统一、推进有力、管理有效(黄声福,2019)。

二是完善标准体系。根据省级农村生活污水处理设施水污染物排放标准试行情况,推进标准的应用和修订,进一步明确水源保护、土壤渗透性强、地下水位高等地区分散设施排放标准。针对农村实际特征和需求,制(修)订《渔业水质标准》《农村污水再生利用 景观环境用水水质》《农村污水处理设施污泥处置 园林绿化用泥质》等标准。编制适合本地区的农村生活污水治理技术导则或规范。围绕农村生活污水治理项目的设计-施工-验收-运维全过程,建立合同模版、处理工艺、建设改造、竣工验收、第三方运维、维护费用、监测考核、智慧平台等方面的制度规范,约束和规范第三方市场化行为。

三是加强政策扶持。农村生活污水治理项目依法使用国有建设用地或集体建设用地,新增建设用地计划指标按规定由地级市人民政府分类统筹安排。各地可在乡镇国土空间规划和村庄规划中预留建设用地指标,用于农村公共公益设施等项目建设用地需求,并开辟用地审批绿色通道,支持单列审批。鼓励各地加强与国家开发银行衔接,用好中长期开发性绿色金融政策,支持有融资需求且符合贷款条件的优质项目。

四是完善规划体系。县域乡村建设规划在编制或修编时,须通盘考虑城镇和农村生活污水处理设施空间布局,明确搬迁撤并类村庄名单和空间分布,严格限制搬迁撤并类村庄新建、扩建活动。推进县域农村生活污水处理设施建设规划、村庄生活污水"一村一策"规划等编制,统筹谋划改厕、污水治理、供水设施等基础设施建设,鼓励有条件的地区借鉴城市地下综合管廊建设模式。原则上,采用水冲式厕所的地区,改厕与污水治理要一体化建设;采用传统旱厕和无水式厕所的地区,做好粪污无害化处理和资源化利用,为后期污水处理预留空间。

5.3.4 改革创新体制机制,激活多方共治的内生动力

一是强化科技支撑。切实加大科研投入,建议国家和地区重大科研项目,要聚焦农村欠发达地区现有技术和设备适应性差的瓶颈,研发推广适宜不同类型的村庄生活污水处理技术和装备。基于农村自然生态系统是一个"生命共同体"的特征,创新农村生活污水处理设计模式,充分利用坑塘沟渠、湿地、农田等自然处理系统,让污水自然净化、循环利用、变废为宝,形成一批生态化、资源化的农村生活污水处理技术设计模式或方案。

二是健全监管体系。按照"行业监管、分类监测、购买服务、村民监督"的基本思路,建立农村生活污水监管制度。生态环境部门要加强监测网络体系建设,推动环境监测、执法向农村延伸。鼓励有条件的地区,通过购买服务的形式,委托有资质的单位开展监测工作。建立村民和社会监督机制,设立群众举报平台和举报电话,动员社会力量参与监督。鼓励有条件的地区运用"互联网+""大数据"等方式,搭建环保智慧云平台。

三是加大投入力度。完善地方为主、中央补助、村民与社会参与的资金筹措机制。地方各级政府要将农村生活污水治理所需经费纳入本级财政预算,统筹水污染防治、农村环境整治、农村人居环境整治、全域国土整治试点、水系连通及水美乡村建设等专项资金,用好土地出让收益等相关政策等,加大对农村生活污水治理设施建设和运维管护的投入力度。鼓励通过设立专项资金、整合资金、发行债券、金融扶持等多种方式,支持农村生活污水处理。鼓励通过整县整乡打包、与开发项目捆绑等方式,积极吸纳社会资本参与农村生活污水治理的建设、运营和管理。

四是推进体制改革。完善农村生活污水治理管理体制,研究将农村改厕、农村生活污水治理、农村供水等职能统一到一个部门负责规划、建设、运营和管理;建议整合现有农村改厕、农村环境整治等中央财政专项资金,新增设立农村生活污水治理专项资金;开展农村环境监测执法机构和队伍调研,

研究出台加强农村环境监测执法机构和队伍的意见。

五是完善长效机制。制定县域农村生活污水处理设施运维管理办法,明确各方职责、资金渠道、监管制度、奖惩机制等。借鉴浙江模式,建立以县级政府为责任主体、乡镇为管理主体、村级组织为落实主体、农户为受益主体、运维机构为服务主体的"五位一体"农村生活污水治理设施运维管理体系。通过站长制、村民监理、村民监督等方式,增强村民参与意识。

第6章　我国农村生活污水治理重大对策建议

针对我国农村生活污水治理存在的短板弱项,聚焦农村生活污水治理决策管理需求,分别从治理理念、顶层设计、调查设计、科技创新、社会参与、监管方式等方面,提出了我国农村生活污水治理的重大对策与建议,以期为"十四五"深入打好农业农村污染治理攻坚战提供决策支撑。

6.1　树立系统观念,统筹推进一体化治理

针对统筹谋划不足、项目时序混乱、改厕与农污衔接不够等问题,建议在村域范围内,将农村作为一个大的生态系统,充分发挥其自我修复能力,推进系统内废弃资源循环利用;同时,应避免生态处理"简单化",造成房前屋后水体黑臭等现象发生。在村庄建成区范围内,坚持先规划后建设,统筹推进污水治理与改厕、垃圾处理、畜禽粪污治理、秸秆利用等工作,提升废弃物资源化和能源化利用水平。鼓励探索农村生活污水治理"调查、规划、设计、建设、运维、管理"全过程一体化模式,有效解决设施不正常运行的"先天性"问题。

6.2　强化顶层设计,完善设施管理制度体系

针对项目的盲目推进、反复拆改和资金浪费等问题,建议各地在大规模治理前,建立健全农村生活污水处理设施的考核、设计、建设、运维等管理制

度,明晰目标导向,严格建设质量,规范运维监管要求。在目标考核时,明确生态化、资源化、能源化利用的具体方式和途径,以便于基层操作。在初步设计时,应考虑农户庭院小菜园、小果园、小花园及村庄河沟塘渠等需要,以满足农田灌溉、绿化用水等需求。制定农村生活处理设施或装备质量管控导则,统一质量要求。针对不同规模的处理设施,明确水质监测频次、监测指标等,建立第三方独立运维单位的奖惩机制。

6.3　注重调查研究,力戒工作"形式主义"

针对一些地区存在的调研不深入、民意反映不到位、工作"一刀切"等形式主义问题,建议深入开展调查研究,追根溯源、诊断病因、找准病根、分类施策、系统治疗;坚持因地制宜、精准施策,体现农村特点,保留乡村风貌,不能片面照搬城镇建设的模式;坚持数量服从质量、进度服从实效,坚决反对劳民伤财、搞形式、摆样子的做法,一件事情接着一件事情办,扎扎实实向前推进。研究制定有关设施建设项目用地、用水、用电,简易审批,税收减免,绿色信贷等实操性指南,打通政策落地的"最后一公里"。坚持问需于民、突出农民主体,完善以质量实效为导向、以农民满意为标准的工作推进机制。

6.4　发挥各自优势,推动"政产学研"融合

针对投入空缺较大等问题,建议强化地方政府主体责任,切实加大财政投入力度,统筹安排土地出让收益、耕地占补平衡和土地增减挂钩收入等用于农村生活污水治理;创新投融资方式,鼓励采用政府直接投资和注入投资项目资本金相结合的方式,对符合条件的农村生活污水治理项目纳入地方政府债券申报范围,支持符合规范管理要求的 PPP(政府和社会资本合作)等项目,积极探索实践生态环境导向的开发(EOD)模式。充分体现乡村建设为农

民而建的意义,激发内生动力,逐步构建政府、市场主体、村集体、村民等多方共建共管的格局。以生态化、资源化、能源化为导向,加大农村生活污水治理技术装备研发力度,解决"技术先进性、经济可行性和使用便捷性"三者之间的现存矛盾,形成技术研发和产业示范并举的良性可持续发展机制。同时,加快推进"政产学研"的深度融合,使管理制度更好地执行和发挥约束力,使科研成果更广泛地应用,使运维单位更加规范地配合管理工作。

6.5 吸引社会资本,探索市场化治理路径

针对投资成本高、回报周期长、技术人员缺、成熟模式少等市场化融资机制不完善的问题,建议地方政府加大统筹力度,平衡收益、协同搭配,捆绑打包项目,以市、县(区)为单位,优选专业公司统一负责农村生活污水治理(含厂站及管网)项目"投、建、管、运",市、县(区)人民政府按规定授予特许经营权。坚持建管一体化、城乡供排一体化,鼓励将城乡供水、农村生活污水治理、城镇污水处理整体打包给专业公司统一负责建设运维。综合考虑污水处理成本、使用者承受能力等因素,合理确定使用者付费标准,稳步推行使用者付费,引导和支持村级组织将付费事项纳入村规民约,鼓励有条件的地区依托供水公司收取污水处理费。建立财政补贴与使用者付费的合理分担机制,对使用者付费一时不能弥补需支付的污水处理服务费的,按照权属责任,由市、县人民政府予以补足。

6.6 创新监管方式,搭建智慧运维管理平台

针对设施管理主体不明、固定资产无法移交、运维资金投入不足等问题,建议研究制定农村生活污水处理设施运维管理指导性文件,明确设施建成后的管理主体、运维资金渠道、持续推进农业农村污染治理。聚焦固定资产移

交流程、运维单位责任、监测监管要求等内容,逐步建立长效管护机制。创新监管方式,推动构建对处理设施的监督监测、自行监测、目视检查相互结合的监管网络。分类提出不同设计规模处理设施所对应的监管要求,如运维单位应开展设施出水水量和水质自行监测,县级生态环境监测部门应对日处理能力在 20 t 及以上的设施,每年至少监测 2 次;日处理能力在 20 t 以下、5 t 及以上的设施,按照不低于 5‰ 的比例抽样,每年至少监测 1 次;日处理能力在 5 t 以下的设施,按照县级生态环境监测部门抽样监测和村民目视巡查相结合的方式开展监测。在有条件的地区,鼓励利用在线水质传感器、智慧物联网等技术,建立集水质水量监测、工作台账等于一体的基础信息库,搭建智慧监控运行管理平台,推动处理设施运维管理信息化、智慧化。

参考文献

柴喜林,2019. 乡村振兴战略下农村生活污水治理模式优选之思考[J]. 中国环境管理,11(1):106-110.

陈相宇,郝凯越,苏东,等,2018. A²/O 法处理高海拔地区污水的特性研究[J]. 水处理技术,44(2):93-96.

成先雄,严群,2005. 农村生活污水土地处理技术[J]. 四川环境(2):39-43.

仇焕广,蔡亚庆,白军飞,等,2013. 我国农村户用沼气补贴政策的实施效果研究[J]. 农业经济问题,34(2):85-92.

邓荣森,2006. 氧化沟污水处理理论与技术[M]. 北京:化学工业出版社.

丁怡,王玮,宋新山,等,2017. 高效藻类塘在水质净化中的研究进展[J]. 工业水处理,37(9):15-20.

范彬,胡明,顾俊,等,2015. 不同农村污水收集处理方式的经济性比较[J]. 中国给水排水,31(14):20-25.

范彬,王洪良,张玉,等,2017. 化粪池技术在分散污水治理中的应用与发展[J]. 环境工程学报,11(3):1314-1321.

高延耀,顾国维,2004. 水污染控制工程[M]. 北京:高等教育出版社.

戈峰,欧阳志云,2015. 整体、协调、循环、自生——马世骏学术思想和贡献[J]. 生态学报,35(24):7926-7930.

郝桂玉,黄民生,徐亚同,2004. 蚯蚓及其在生态环境保护中的应用[J]. 环境科学研究(3):75-77.

胡建平,沈吉娜,王光耀,等,2012. 贵州黔东南州农村户用沼气池的使用现状及建议[J]. 中国沼气,30(6):56-58.

黄声福,2019. 建立健全"四项机制"推进农村生活污水治理体系和治理能力现代化[EB/OL]. (2019-12-23)[2022-08-03]. https://www. sohu. com/a/362257398_114731.

黄文飞,韦彦斐,王红晓,等,2016. 美国分散式农村污水治理政策、技术及启示[J]. 环境保护,44(7):63-65.

黄霞,曹斌,文湘华,等,2008. 膜生物反应器在我国的研究与应用新进展[J]. 环境科学学报(3):416-432.

黄翔峰,池金萍,何少林,等,2006. 高效藻类塘处理农村生活污水研究[J]. 中国给水排水(5):35-39.

贾小梅,赵芳,董旭辉,2019. 日本农村生活污水治理设施行业管理经验对我国的启示:以净化槽为例[J]. 环境与可持续发展,44(6):90-93.

蒋岚岚,胡邦,冯成军,等,2014. 温度对膜生物反应器运行效果的影响分析[J]. 给水排水,50(11):124-127.

接忠敏,刘强,2013. 高负荷生物滤池的理解与应用[J]. 资源节约与环保(6):83-84.

鞠昌华,张卫东,朱琳,等,2016. 我国农村生活污水治理问题及对策研究[J]. 环境保护,44(6):49-52.

李发站,朱帅,2020. 我国农村生活污水治理发展现状和技术分析[J]. 华北水利水电大学学报(自然科学版),41(3):74-77.

李娜,于晓晶,2008. 农村污水生态处理工艺分析[J]. 水科学与工程技术(1):73-75.

李云,夏训峰,陈盛,等,2022. 我国农村生活污水处理地方标准现状、问题及对策建议[J]. 环境工程技术学报,12(1):293-300.

梁祝,倪晋仁,2007. 农村生活污水处理技术与政策选择[J]. 中国地质大学学报(社会科学版)(3):18-22.

刘俊新,2017. 因地制宜构建适宜的农村污水治理体系[J]. 给水排水,43(6):
 1-3.

罗尔呷,张宇,冯袆宇,等,2022. 我国沼气产业发展的历程、现状和未来方向
 研究——基于河南漯河地区的典型案例分析[J]. 中国农业资源与区划,43
 (5):132-142.

罗固源,1997. 有机污水蚯蚓土地处理[J]. 中国给水排水(2):40-42.

沈哲,黄劼,刘平养,2013. 治理农村生活污水的国际经验借鉴:基于美国、欧
 盟和日本模式的比较[J]. 价格理论与实践,33(2):49-50.

苏淑仪,周玉玺,蔡威熙,2020. 农村生活污水治理中农户参与意愿及其影响
 因素分析——基于山东 16 地市的调研数据[J]. 干旱区资源与环境,34
 (10):71-77.

王波,2021. 把握好农村人居环境整治提升的关键环节[N]. 中国环境报,
 2021-12-13(003).

王波,税燕萍,张杰彬,等,2021. 农村生活污水处理技术指南编制的若干建议
 [J]. 环境保护,49(1):20-23.

王波,郑利杰,王夏晖,2020a. 我国"十四五"时期农村环境保护总体思路探讨
 [J]. 中国环境管理,12(4):51-55.

王波,郑利杰,王夏晖,2020b. 现代农村生活污水治理体系实现路径研究[J].
 环境保护,48(8):9-14.

王刚,宋锴业,2017. 治理理论的本质及其实现逻辑[J]. 求实(3):50-65.

王金霞,张丽娟,2011. 农村生活污水分散处理设施的现状及影响因素研究
 [J]. 农业环境与发展,28(6):65-70.

王凯军,宋英豪,2002. SBR 工艺的发展类型及其应用特性[J]. 中国给水排水
 (7):23-26.

王丽君,夏训峰,朱建超,等,2019. 农村生活污水处理设施水污染物排放标准

制订探讨[J]. 环境科学研究,32(6):921-928.

王夏晖,王波,吕文魁,2014. 我国农村水环境管理体制机制改革创新的若干建议[J]. 环境保护,42(15):20-24.

魏涛,2006. 公共治理理论研究综述[J]. 资料通讯(Z1):56-61.

吴昌永,2010. A^2/O 工艺脱氮除磷及其优化控制的研究[D]. 哈尔滨:哈尔滨工业大学.

夏玉立,夏训峰,王丽君,等,2016. 国外农村生活污水治理经验及对我国的启示[J]. 小城镇建设,34(10):20-24.

谢林花,吴德礼,张亚雷,2018. 中国农村生活污水处理技术现状分析及评价[J]. 生态与农村环境学报,34(10):865-870

许明珠,尚光旭,王浙明,等,2017. 地方农村生活污水处理设施水污染物排放标准制订研究——以浙江为例[J]. 环境保护,45(10):57-59.

叶林奕,叶红玉,刘锐,2022. 农村生活污水处理设施省级管理体系探索——以浙江省为例[J].环境工程学报,16(3):1039-1047.

于法稳,于婷,2019. 农村生活污水治理模式及对策研究[J]. 重庆社会科学(3):6-17.

俞可平,1999. 治理与善治引论[J]. 马克思主义与现实(5):37-41.

郑祥,朱小龙,张绍园,等,2000. 膜生物反应器在水处理中的研究及应用[J]. 环境污染治理技术与设备(5):12-20.

Chen S K,Zhao M Y,Mang H P,et al,2017. Development and application of biogas project for domestic sewage treatment in rural China:Opportunities and challenges[J]. Journal of Water,Sanitation and Hygiene for Development,7(4): 576-588.

Fu C,Cao Y,Tong J,2020. Biases towards water pollution treatment in Chinese rural areas—a field study in villages at Shandong Province of China[J]. Sustainable Futures,2: 100006.

Oswald W J, 1988. Microalgae and Wastewater Treatment [C]//In: Borowitzka M A, Borowitzka L J, Eds, Microalgal Biotechnology. Cambridge: Cambridge University Press, 305-328.

Sheng X L, Qiu S K, Xu F, et al, 2020. Management of rural domestic wastewater in a city of Yangtze Delta Region: performance and remaining challenges[J]. Bioresource Technology Reports (11): 100507.

Wang Y, Lu X, Cheng F, 2020. Investigation and analysis on rural domestic sewage discharge in key watersheds[J]. IOP Conference Series: Earth and Environmental Science, 526(1): 012036.

Wei S, Luo H T, Zou J T, et al, 2020. Characteristics and removal of microplastics in rural domestic wastewater treatment facilities of China [J]. Science of The Total Environment, 739: 139935.

Xu Y, Lu X, Chen F, 2020. Field investigation on rural domestic sewage discharge in a typical village of the Taihu Lake Basin[J]. IOP Conference Series: Earth and Environmental Science, 546(3): 032031.

Yang F L, Zhang H R, Zhang X Z, et al, 2021. Performance analysis and evaluation of the 146 rural decentralized wastewater treatment facilities surrounding the Erhai Lake[J]. Journal of Cleaner Production, 315: 128159.

Zou J, Guo X S, Han Y P, 2012. Study of a novel vertical flow constructed wetland system with drop aeration for rural wastewater treatment [J]. Water Air & Soil Pollution, 223: 889-900.